面向故障诊断应用的粗糙集理论及方法

Rough Set Theory and Method for Fault Diagnosis

刘金福　白明亮　著

科学出版社

北京

内 容 简 介

粗糙集方法具有强大的不一致信息处理能力,在故障征兆约简、诊断知识获取和知识度构建等方面表现出巨大优势。然而,关于粗糙集方法的泛化性能研究不足制约该方法在故障诊断中的实际应用。本书分别针对一般故障诊断问题以及多类故障诊断、类不平衡故障诊断和代价敏感故障诊断几种特定故障诊断问题,对粗糙集方法的泛化性能展开深入系统的论述,给出了基于结构风险最小化的粗糙集泛化性能提升方法、基于两分类器设计的多类故障类间干扰抑制方法、基于加权粗糙集的类不平衡故障诊断方法以及代价敏感粗糙集故障诊断方法,为粗糙集理论和方法在故障诊断应用中泛化性能的提高提供了支撑。

本书可供故障诊断和机器学习领域的研究人员及高等院校师生参考。

图书在版编目(CIP)数据

面向故障诊断应用的粗糙集理论及方法 = Rough Set Theory and Method for Fault Diagnosis/刘金福,白明亮著.—北京:科学出版社,2019.6

ISBN 978-7-03-061546-6

Ⅰ.①面⋯ Ⅱ.①刘⋯ ②白⋯ Ⅲ.①集论-研究 Ⅳ.①O144

中国版本图书馆CIP数据核字(2019)第111959号

责任编辑:范运年 梁晶晶/责任校对:王瑞
责任印制:师艳茹/封面设计:铭轩堂

科学出版社出版
北京东黄城根北街16号
邮政编码:100717
http://www.sciencep.com

天津新科印刷有限公司 印刷
科学出版社发行 各地新华书店经销

*

2019年6月第 一 版 开本:720×1000 1/16
2019年6月第一次印刷 印张:10
字数:200 000

定价:98.00元

(如有印装质量问题,我社负责调换)

前　言

粗糙集方法具有强大的不一致信息处理能力，并且得到的规则型知识容易理解，所以，该方法已经广泛应用于工业过程及设备的故障诊断中，在故障征兆约简、诊断知识获取和知识库构建等诸多方面表现出巨大的优势。然而，到目前为止，粗糙集方法在实际故障诊断中的泛化性能却很少有研究，为此，本书分别针对一般故障诊断问题以及多类故障诊断、类不平衡故障诊断和代价敏感故障诊断几种特定故障诊断问题，对粗糙集方法的泛化性能进行深入系统的研究。

通过将机器学习领域中广泛应用的控制机器学习方法泛化性能的基本理论——结构风险最小化原则，引入粗糙集方法中，本书提出基于结构风险最小化的粗糙集方法，该方法不仅保证了粗糙集方法在现有故障实例集上具有较低的经验风险，而且有效地控制了粗糙集方法的复杂度，使获得的故障诊断知识具有更强的统计特性，系统的实验表明，这一方法能够明显提高粗糙集方法对新故障实例的泛化性能。进一步的实验发现，最小规则集中规则的数目能够有效地控制粗糙集方法的复杂度，基于这一复杂度指标设计的基于遗传多目标优化的结构风险最小化算法和启发式的结构风险最小化算法能够获得较好的性能。

当利用粗糙集方法对多类故障诊断问题进行处理时，某些类故障的关键征兆可能被认为是冗余征兆而被删除，以至于这些类故障的诊断知识由其他类故障的关键征兆表达，这势必影响粗糙集方法对这些类新故障实例的泛化性能。基于将多类问题转化为两类问题，本书提出基于两类分类器设计的多类故障诊断类间干扰抑制方法，使得构建的分类器最大限度地保留了各类故障的关键征兆。系统的实验表明，该方法能够有效地降低多类故障诊断的类间干扰，提高粗糙集方法在多类故障诊断问题中的泛化性能。进一步的对比实验发现，基于一对一的两类分类器构建策略和基于决策结果投票的分类器协同决策策略能够获得最好的性能，可以作为多类故障诊断类间干扰抑制方法的最佳配置。

在实际故障诊断问题中，少数类故障一般难以得到应有的重视。常规粗糙集方法倾向于选取多数类故障的关键征兆，并且提取的少数类故障诊断规则通常具有较低的支持度，这势必导致常规粗糙集方法对少数类新故障实例具有较差的泛化性能。通过对数据样本加权，本书提出基于加权粗糙集的类不平衡故障诊断问题处理方法，使得少数类故障实例中蕴含的诊断知识得到加强，系统的实验表明该方法能明显提高粗糙集方法对少数类故障的泛化性能，其获得的受试者工作特征曲线下的面积(area under the cure，AUC)和少数类分类精度明显优于重采样和过滤方法，且与基于决策树和支持向量机（support vector machine，SVM）的类不平衡问题处理方法的性能相当，因此，证明提出的基于加权粗糙集的类不平衡故障诊断问题的处理方法是有效的。

常规粗糙集方法是基于诊断错误率最小化的，不考虑故障之间的误诊断代价差异，所以，通常不能保证对高代价故障具有较高的泛化性能，从而难以最小化故障诊断的代价。通过引入机器学习领域中广泛采用的代价敏感问题处理技术，本书提出基于加权粗糙集和最小期望代价分类准则的代价敏感故障诊断问题处理方法，同时考虑数据集类分布特性对代价敏感问题处理的影响。基于新提出的不依赖于测试集特性的性能评价指标，开展系统的实验，发现提出的代价敏感问题处理方法能明显地提高粗糙集方法对高代价故障的泛化性能，降低故障诊断的代价，并且采用逆类概率加权的加权粗糙集和最小期望代价分类准则相结合的代价敏感问题处理方法能够获得最好的性能，该方法可以作为代价敏感问题处理的最佳配置。

本书共 7 章，对粗糙集方法在各种实际故障诊断问题中的泛化性能进行深入系统的研究，通过引入相应的处理技术，明显提高粗糙集方法的泛化性能。

作　者
2018 年 12 月于哈尔滨

目 录

前言

第1章 绪论 ··· 1
  1.1 概述 ··· 1
    1.1.1 开展故障诊断的重要性 ··· 1
    1.1.2 智能故障诊断方法的优势及挑战 ································· 2
    1.1.3 粗糙集方法在不一致信息处理方面的优势 ······················· 2
    1.1.4 本书的研究动机及目标 ··· 4
  1.2 机器学习方法泛化性能控制的研究进展 ······························ 4
  1.3 粗糙集方法的研究现状 ··· 6
    1.3.1 经典粗糙集方法的研究现状 ····································· 6
    1.3.2 粗糙集方法的拓展研究 ··· 9
  1.4 故障诊断中影响粗糙集方法泛化性能的主要问题 ···················· 11
    1.4.1 数据噪声普遍存在 ·· 11
    1.4.2 多类故障的诊断规则提取存在类间相互干扰 ···················· 13
    1.4.3 故障数据的类分布不平衡 ······································ 14
    1.4.4 故障的误诊断代价存在差异 ···································· 15
  1.5 本书的研究内容及章节安排 ·· 16

第2章 粗糙集基本理论及方法 ··· 19
  2.1 粗糙集理论的基本概念 ·· 19
    2.1.1 决策表 ··· 19
    2.1.2 等价类和粗糙集 ·· 19
    2.1.3 粗糙集的上、下近似 ·· 20
    2.1.4 粗糙集的不确定性度量 ·· 21
    2.1.5 属性约简 ·· 22
    2.1.6 决策规则 ·· 23
  2.2 基于粗糙集理论的属性约简方法 ··································· 24
  2.3 基于粗糙集理论的决策规则提取方法 ······························ 25
  2.4 基于粗糙集提取规则集的分类决策方法 ···························· 27
  2.5 本章小结 ·· 28

第 3 章 机器学习泛化性能控制理论及方法 ································· 29
3.1 机器学习问题的一般表示 ··· 29
3.2 机器学习的经验风险最小化 ·· 29
3.3 机器学习方法的泛化性能控制理论 ·· 30
3.3.1 机器学习方法的复杂度 ··· 30
3.3.2 机器学习方法泛化能力的界 ·· 31
3.4 机器学习方法泛化性能控制的 SRM 原则 ································· 34
3.5 本章小结 ··· 36

第 4 章 粗糙集方法的结构风险最小化 ·· 37
4.1 概述 ·· 37
4.2 粗糙集方法的结构风险控制 ·· 38
4.2.1 属性约简 ·· 38
4.2.2 最小属性约简 ··· 39
4.2.3 基于最小属性值域空间的属性约简 ································· 39
4.2.4 基于最小导出规则数的属性约简 ···································· 40
4.3 粗糙集方法的 SRM 算法 ·· 41
4.3.1 基于遗传多目标优化的 SRM 算法 ·································· 41
4.3.2 启发式 SRM 算法 ·· 44
4.4 实验分析 ··· 46
4.4.1 实验配置 ··· 46
4.4.2 汽轮机振动故障诊断的 SRM 实验 ·································· 49
4.4.3 粗糙集方法获得的各项性能指标随复杂度的变化 ·············· 50
4.4.4 各种复杂性度量指标的比较 ·· 53
4.4.5 各种 SRM 算法的比较 ·· 57
4.4.6 实验结论 ··· 62
4.5 本章小结 ··· 63

第 5 章 多类故障诊断的类间干扰及抑制 ··· 64
5.1 概述 ·· 64
5.2 多类故障诊断的类间干扰问题 ··· 65
5.3 类间干扰的抑制方法 ··· 66
5.3.1 保留全部属性的方法 ··· 66
5.3.2 基于一类分类器设计的方法 ·· 67
5.3.3 基于两类分类器设计的方法 ·· 68
5.4 基于两类分类器设计的类间干扰抑制算法 ······························· 69
5.4.1 两类分类器的构建策略 ·· 69

	5.4.2	两类分类器的协同决策策略	70
	5.4.3	类间干扰抑制算法设计	71
5.5	实验分析		75
	5.5.1	实验配置	75
	5.5.2	汽轮机多类振动故障诊断的类间干扰抑制实验	76
	5.5.3	各种类间干扰抑制算法的比较分析	78
	5.5.4	保留全部属性方法的性能	81
	5.5.5	解决多类问题的两类及一类算法性能比较	83
	5.5.6	实验总结	84
5.6	本章小结		85

第6章 故障诊断中类不平衡问题处理的加权粗糙集方法 86

6.1	概述		86
6.2	类不平衡问题处理的基本方法		87
	6.2.1	数据重采样	87
	6.2.2	样本加权	88
	6.2.3	基于一类分类器的方法	90
6.3	加权粗糙集模型		90
6.4	基于加权粗糙集的类不平衡问题处理方法		92
	6.4.1	加权属性约简	92
	6.4.2	加权规则提取	96
	6.4.3	加权决策	98
6.5	类不平衡问题处理的性能评价		99
6.6	实验分析		102
	6.6.1	实验配置	102
	6.6.2	汽轮机振动故障诊断的类不平衡问题处理实验	103
	6.6.3	粗糙集方法的各种类不平衡处理策略比较	104
	6.6.4	加权粗糙集方法的各种算法配置比较	107
	6.6.5	与其他类不平衡问题处理方法的比较	109
	6.6.6	类不平衡问题处理的权值选择	112
	6.6.7	实验总结	114
6.7	本章小结		115

第7章 考虑误诊断代价的故障诊断方法及评价 116

7.1	概述		116
7.2	考虑误诊断代价的基本方法		116
	7.2.1	基于类不平衡问题处理技术的方法	116

  7.2.2 基于最小期望代价分类准则的方法 ·················· 119
 7.3 基于加权粗糙集和最小期望代价分类准则的代价敏感故障诊断方法······ 119
  7.3.1 不考虑数据集类分布特性的方法 ···················· 119
  7.3.2 考虑数据集类分布特性的方法 ····················· 121
 7.4 代价敏感故障诊断的性能评价 ························ 122
  7.4.1 传统的性能评价指标 ·························· 122
  7.4.2 不依赖于测试集特性的性能评价指标 ················· 123
 7.5 实验分析 ··································· 126
  7.5.1 实验配置 ······························· 126
  7.5.2 汽轮机振动故障的代价敏感诊断实验 ················· 127
  7.5.3 各种代价敏感问题处理方法的比较 ·················· 128
  7.5.4 实验总结 ······························· 134
 7.6 本章小结 ··································· 135
参考文献 ····································· 136

第1章 绪　　论

1.1 概　　述

1.1.1 开展故障诊断的重要性

随着现代化大生产的发展和科学技术的进步,现代工程技术系统与设备的结构越来越复杂,规模越来越庞大,自动化和智能化的程度也越来越高。但是,这类系统和设备一旦发生事故,将会造成巨大的人员及财产损失[1-4]。例如,1979年3月美国三里岛核电站重大泄漏事故造成几十亿美元的经济损失;1984年12月印度博帕尔农药厂甲基异氰酸酯泄漏事故造成2500多人死亡及近20万人中毒受害;1986年1月美国挑战者号航天飞机因密封系统故障造成失事悲剧;1986年4月苏联切尔诺贝利核电站泄漏事故造成2000多人死亡、达30亿美元经济损失和严重的污染公害。这种情况近年来在我国也同样存在。例如,1979年吉林某液化气站球罐破裂事故造成32人死亡,50多人伤残,直接经济损失600多万元,成为当年世界四大事故之一;1985年大同电厂、1988年秦岭电厂以及1999年阜新电厂的200MW汽轮发电机组的严重断轴毁机事故,造成上亿元的直接经济损失和重大的社会影响;另外,据我国对年产30万t合成氨和48万t尿素化肥厂五大透平压缩机组的初步调查结果,仅1977年和1978年的不完全统计,机械故障就达100多次,经济损失数亿,相当于另办一个新厂的年产量收益。因此,切实保证现代工程技术系统和大型复杂设备的可靠性与安全性是一个十分迫切的问题,具有重大的意义。

设备故障诊断技术是20世纪70年代以来,随着计算机和电子技术的飞跃发展,促进工业生产现代化和机器设备大型化、连续化、高速化、自动化而迅速发展起来的一门新技术,它是现代化设备维修技术的重要组成部分,并且正在成为设备维修管理工作现代化的一个重要标志。设备故障诊断技术对确保机械设备安全、降低突发故障、提高设备运行效率以及节约维修费用均有十分重要的作用。据相关资料报道[1,2]:日本采用状态监测诊断技术后,设备的事故率减少了75%,维修费用减少了25%~50%;英国对2000个国营工厂的调查表明,采用诊断技术后,维修费用每年可减少3亿英镑;美国Pekrul发电厂实行设备预知维修后,每年能节约的费用为诊断和预防性维修成本的36倍。不难看出,设备故障诊断技术能带来巨大的经济收益。

1.1.2 智能故障诊断方法的优势及挑战

由于现代工程技术系统和设备的复杂性与耦合性,其故障普遍具有多层次性、随机性等特点,一般难以通过理论分析方法在故障类别与征兆之间建立起对应关系。近年来,以专家系统[5-8]、人工神经网络[9-11]、支持向量机[12-16]、模糊理论[17-19]、Petri 网络[20-22]、贝叶斯网络[23-25]等方法为代表的智能故障诊断技术已广泛地应用于工业过程及设备的故障诊断,取得了良好的诊断效果。

同传统的理论分析方法相比,智能故障诊断方法直接以故障实例为基础,通过各种数据归纳和学习算法来建立故障类别与征兆之间的对应关系,发现隐含在故障实例中的故障诊断知识,进而利用这些发现的知识对新故障实例进行故障诊断,从而克服了传统的理论分析方法在故障诊断过程中对复杂的故障机理进行数学建模的困难。

不难看出,故障实例是智能故障诊断方法的基础。在实际的故障诊断问题中,故障实例不可避免地会带有某种程度的不一致性,即具有相同征兆取值的故障实例具有不同的故障类别。归纳起来,故障实例的不一致性主要来源于如下两个方面:一方面,故障产生机理不完全清楚,故障表现形式不唯一,人们对故障征兆的提取通常带有一定的盲目性,从而可能遗漏某些征兆,或者由于现有技术手段的局限,无法获取某些征兆,诸如此类原因引起的故障征兆缺失必然导致利用现有的故障征兆无法对故障实例进行精确分类,以致出现故障实例的不一致;另一方面,故障实例的征兆值在测量过程中不可避免地存在测量噪声,另外在对故障实例的征兆值及故障类别进行记录、处理和整理的过程中也可能会引入计算误差与人为错误,这些测量噪声、计算误差和人为错误等统称噪声,噪声的存在最终也将导致故障实例出现不一致。

由此可见,在实际的故障诊断问题中,故障实例的不一致是普遍存在的,这是各种智能故障诊断方法必须要面临的重要挑战。如何使各种智能方法在故障实例存在不一致的情况下,仍能进行故障诊断知识的有效提取,并应用提取的诊断知识对新故障实例做出尽可能正确的诊断,这无疑是很有实际意义的。

1.1.3 粗糙集方法在不一致信息处理方面的优势

粗糙集方法是波兰数学家 Pawlak[26-28]于 1982 年提出的一种用于处理不完备、不精确、不一致信息的新型数学工具,与其他不一致信息处理工具相比,粗糙集方法不需要数据以外任何初始的或附加的信息,如统计学中的统计概率分布、D-S 证据理论中的基本概率指派函数以及模糊集理论中的模糊隶属度函数等[29-31]。粗糙集方法能够直接对数据进行分析处理,从中提取有用征兆,发现隐含规律,得到简明扼要的规则型知识表达形式。

故障诊断的粗糙集方法以故障实例在现有征兆知识水平下的不可区分性为基础，将故障实例粒化为一系列征兆知识等价类，每个等价类中的故障实例相对于现有征兆知识而言是完全等价和不可区分的，这些等价类形成了征兆知识表达的基本粒子；如果一个故障类的实例集是由上述某些征兆知识等价类组成的，则这个故障类是可定义的，称为一个精确集，否则这个故障类是不可定义的，称为一个粗糙集；当一个故障类的实例集为粗糙集时，上、下近似和边界域能用来对这个实例集进行刻画，下近似定义为包含在这个实例集中征兆知识等价类的最大合集，上近似定义为包含这个实例集的征兆知识等价类的最小合集，边界域定义为上、下近似的差集；利用现有的征兆知识，一个故障类下近似中的故障实例能够被确切地分为这一故障类，而边界域中的故障实例只是可能被分为这一故障类，显然边界域的大小刻画了一个粗糙集在现有征兆知识水平下的不确定性程度；基于上、下近似和边界域的定义，粗糙集方法从故障实例中提取的故障诊断知识能够被区分为确定性知识和可能性知识。

归纳起来，故障诊断的粗糙集方法在不一致信息处理方面具有如下优势。

(1) 粗糙集方法在不一致信息处理过程中不需要故障实例以外任何初始的或附加的信息，故障实例的不一致通过边界域表达和处理，由于边界域能够用确定的数学公式来描述，完全由故障实例决定，所以粗糙集方法对故障实例不一致的处理更加客观，也更易于操作。

(2) 粗糙集方法从故障实例中提取的故障诊断知识能够被区分为确定性知识和可能性知识，因此，基于这些提取的知识做出的故障诊断决策为确定性和可能性决策，人们可以针对这两种决策结果分别对待和处理。

(3) 通过使所有故障类的上、下近似和边界域保持不变，可以对冗余的故障征兆进行约简，约简后的征兆不仅能够保持对故障实例的分类能力不变，而且有助于提取简洁的故障诊断知识，从而能够避免获取和处理冗余征兆所造成的资源浪费，另外许多研究还表明对故障征兆进行约简有助于提高对新故障实例的分类精度。

(4) 同神经网络、支持向量机等智能故障诊断方法相比，粗糙集方法获取的故障诊断知识是规则型知识，能够被人们理解。

粗糙集方法在不一致性信息处理方面具有诸多优势，所以该方法已被广泛应用于工业过程及设备的故障诊断过程。文献[32]~文献[34]利用粗糙集方法对故障诊断中的不完备、不确定和不一致数据进行处理，取得了良好的不一致信息处理效果。文献[35]~文献[37]利用粗糙集方法对故障征兆进行约简，明显简化了提取的故障诊断知识，并且提高了对新故障实例的分类精度。文献[38]~文献[40]利用粗糙集方法较强的数据分析能力和容错性，通过提取故障诊断知识，建立了故障诊断专家系统的知识库，并对其进行了有效维护。文献[41]~文献[43]针对故障诊断中某些征兆的连续取值问题,设计了离散化算法,实现了粗糙集方法在征兆连续取值情况下的故障诊断规则提取。文献[44]～文献[49]分别将粗糙集方法与模糊理论、神经网络、支持向量机、贝叶斯网络等智能方法结合,通过融合各种方法的优势,开展了综合故障诊断技术研究,取得了良好的故障诊断效果。

1.1.4 本书的研究动机及目标

粗糙集方法具有强大的不一致信息处理能力,并且得到的规则型知识容易理解,因此,该方法已经被广泛地应用于工业过程及设备的故障诊断,在故障征兆约简、诊断知识获取和知识库构建等诸多方面表现出巨大的优势。然而,到目前为止,粗糙集方法在实际故障诊断中的泛化性能却很少被研究。粗糙集方法在实际故障诊断中的泛化性能是指粗糙集方法利用从故障实例中提取的故障诊断知识,对新故障实例做出正确诊断的性能,故障诊断的最终目的就是利用现有的经验和知识对新故障实例做出尽可能正确的诊断,因此,好的泛化性能一直是故障诊断方法追求和努力的目标。为此,本书将分别针对一般故障诊断问题以及某些特定故障诊断问题中影响粗糙集方法泛化性能的因素进行深入的分析和探讨,通过引入相应的处理技术,改善粗糙集方法在故障诊断中的泛化性能。

1.2 机器学习方法泛化性能控制的研究进展

20世纪60年代初,Rosenblatt[50]提出了第一个学习机器模型——感知器,这标志着人们对机器学习过程进行数学研究的开始。从概念上讲,感知器的思想并不是新的,它已经在神经生理学领域讨论了多年,但是,Rosenblatt把这个模型表示为一个计算机程序,并且通过简单的实验说明这个模型能够推广。1962年,Novikoff[51]证明了关于感知器的第一个定理——收敛性定理,这一定理在机器学习理论的创建过程中发挥了十分重要的作用,它在一定意义上将学习机器具有推广能力的原因与训练集上的错误数最小化原则联系起来。在这一定理结论的基础上,很多学者认为,使学习机器具有推广性的唯一因素就是使其在训练集上的错误数最小,这就是众所周知的经验风险最小化(empirical risk minimization,ERM)原则,持这一观点的学者称为机器学习的应用分析学派。而有些学者认为学习机器的推广能力与训练集上的错误数最小化原则之间的关系并不是不言而喻的,而是需要证明的,这些学者称为机器学习的理论分析学派。因而,对机器学习过程的研究随之形成了应用分析和理论分析两个分支。

关于感知器的实验被人们广为知晓后,应用分析学派很快提出了一些其他类型的学习机器,例如,Widrow等[52]构造的Madaline自适应学习机;Steinbuch等[53]提出的学习矩阵等。为了解决实际问题,人们还开发了许多计算机程序,如最初为专家系统设计的决策树[54]、用于语音识别问题的隐马尔可夫模型[55]等。然而，这些方法都没有涉及对一般学习现象的研究，直到 1986 年，Le Cun[56]提出了利用后向传播技术同时寻找多个神经元的权值，此时才开创了学习机器研究历史的一个新时代。而在构造感知器(1962 年)到实现后向传播(1986 年)的这段时间里，应用分析学派没有发生特别有重大影响的事情。

与此形成鲜明对比的是，在这段时间里，理论分析学派关于统计学习理论的研究硕果累累。早在 1968 年 Vapnik 等[57]就针对指示函数集(即模式识别问题)提出了描述其复杂度的 VC 熵(vapnik-chervonenkis entropy)和 VC 维(vapnik-chervonenkis dimension)，并且利用这些概念发现了泛函空间的大数定律，得到了关于收敛速率的非渐近界的主要结论，1971 年他们发表了这些工作的完全证明[58]，1974 年他们提出了一个全新的机器学习归纳原则——结构风险最小化(structural risk minimization，SRM)原则，指出学习机器的复杂度和训练集上的错误数共同影响了学习机器的推广能力，从而奠定了学习机器泛化性能控制理论的基础，得到了通过控制学习机器复杂度来控制学习机器泛化性能的方法[59]。1976~1981 年，最初针对指示函数集得到的结论如大数定律、完全有界和无界函数集一致收敛速率的界以及 SRM 原则等被推广到了实函数集[60]。

与此同时，学者从其他视角也发现了控制学习机器泛化性能的类似理论。Tikhonov[61]和 Ivanov[62]提出了解决不适定问题的正则化理论，这一理论的核心思想是在目标泛函中增加一个关于函数复杂度的正则化项，使目标泛函成为正则化泛函，从而在问题求解过程中能够考虑函数复杂度。密度估计的非参数方法是一个不适定问题，Rosenblatt[63]和 Parzen[64]提出的几种解决此类问题的算法所采用的正是正则化技术，密度估计的非参数方法带来了新的统计学算法，弥补了传统的参数方法的缺陷，使人们能从一个较宽的函数集中估计函数。Solomonoff[65]和 Kolmogorov[66]在利用信息论方法研究推理问题时，提出了算法复杂度的思想，在此基础上，1978 年 Rissanen[67]提出了机器学习的最小描述长度归纳原理。1984 年 Valiant[68]提出了机器学习的可能近似正确学习模型，并利用这一模型分析了学习过程的样本复杂度和推广能力的界，而在这个模型中，学习机器的复杂度 VC 维扮演着重要的角色。由此可见，在上述这些理论中，对学习机器泛化性能的控制依然是靠对学习机器复杂度的控制来实现的，因此，从本质上讲，这些理论与 SRM 原则是相同的。

自感知器提出以来，经过 20 多年对机器学习过程的理论研究，20 世纪 90 年代初，有限样本情况下的机器学习理论逐步成熟起来，形成了较完善的理论体系——统计学习理论。统计学习理论能够在理论上对学习机器的泛化性能提供保证，因此，这一理论已经被广泛地用于分析和控制机器学习方法的泛化性能。

基于 SRM 原则，1992 年 Vapnik[69,70]通过构造 Δ-间隔分类超平面来控制学习机器的复杂度，提出了一种新的学习机器——支持向量机。支持向量机能够在理论上对自身的泛化性能提供保障，因此，与以往的基于 ERM 原则的学习机器如神经网络、决策树等相比，具有诸多理论和实践上的优势。目前，支持向量机已经被广泛地应用于解决小样本、非线性、高维模式识别问题，取得了令人满意的效果[71-73]。

此外，SRM 的思想也越来越多地被传统机器学习方法所采用，以改善其泛化性能，一些典型的例子，如决策树学习中被广泛采用的剪枝技术[74,75]、基于最小描述长度和 SRM 的决策树节点规模控制[76-78]、神经网络学习中对神经元规模[79,80]和节点连接权值的控制[81,82]等，实践表明，通过引入相应的复杂度控制技术，这些传统机器学习方法的泛化性能得到了明显的改善。

1.3 粗糙集方法的研究现状

1.3.1 经典粗糙集方法的研究现状

波兰学者 Pawlak[26]于 1982 年正式提出的粗糙集理论是在经典集合论基础上发展起来的处理不完备、不确定、不一致信息的数学工具，与 Zadeh[83]提出来的词计算理论、张铃等[84]提出来的商空间理论合称三大粒度计算理论。1995 年 Rough Sets[27]一文的发表，引起了计算机和应用数学领域研究人员的广泛关注，粗糙集理论的研究进入高潮，国内外学者分别从模型性质、算法设计等角度对该方法进行了大量的研究[85,86]。

在模型性质方面，Iwinski 等系统地研究了粗糙集模型的构造化和公理化方法[87-91]，分析了粗糙集模型的数学性质。Bonikowski 等[92]探讨了粗糙集理论的内涵与外延。Wong 等分别比较了粗糙集方法与统计学方法、模糊集方法以及 D-S 证据理论等的异同[93-100]。

对于粗糙集方法的设计，其研究主要围绕如下四方面进行：数值型属性离散化、属性约简、规则提取和推理决策。

在数值型属性离散化方面，等宽和等频是最早与最简单的离散化方法，它们不需要决策类的信息，属于无监督方法，由于属性值的分布通常是不均匀的，并且属性值野点会对这些方法的离散结果产生明显的影响，因此，这些方法在实际应用中通常难以取得令人满意的效果[101]。Holte[102]和 Dougherty 等[103]通过将决策类信息引入等宽和等频离散化方法，分别提出了单规则和最大边缘熵的离散化方法。Catlett[101]通过利用信息熵来度量每个属性离散断点的重要性，进而递归地选取最重要的离散断点，提出了数值型属性离散的 D2 方法。Fayyad 等[104,105]在 D2 方法的基础上，通过引入最小描述长度准则来停止属性离散的递归过程，提出了递归最小熵划分方法，克服了 D2 方法中人为选取停止准则的困难。Kerber[106]通

过利用 χ^2 度量递归地融合相邻的属性离散断点，提出了 ChiMerge 方法，在此基础上，Liu 等[107,108]通过进一步将属性离散过程所引起的数据集不一致程度作为属性离散过程的停止准则，提出了 ChiMerge 方法的自适应版本——χ^2 方法，克服了 ChiMerge 方法中人为选取停止准则的困难，并且 χ^2 方法还有一个显著特点就是能在属性离散过程中删除冗余的属性。除此之外，Mantaras 等[109]和 Cerquides 等[110]提出了基于距离的离散化方法，Ho 等[111]提出了基于 Zeta 度量的离散化方法，Nguyen 等[112-114]提出了基于布尔推理的离散化方法，于达仁等[41]、苗夺谦[115]提出了基于聚类的离散化方法等多种解决数值型属性离散问题的方法。Liu 等[116]对各种属性离散化方法进行了综述和比较，通过实验总结得出：Fayyad 等提出的递归最小熵划分方法通常情况下能获得最好的数值型属性离散效果，而在数值型属性离散化的同时，还需要删除冗余属性，χ^2 方法是一个好选择。

属性约简是粗糙集理论研究的核心问题之一，目前已经提出了许多属性约简算法。Skowron 等[117]在 1991 年提出的基于差别矩阵的属性约简算法揭示了属性约简的结构，这被视为粗糙集理论最为重要的研究成果之一。基于差别矩阵的属性约简方法能够求取全部的属性约简，从而提供了一种发现最小约简的方法[118,119]，然而，该方法具有较大的时间和空间复杂度，并且 Wong 等[120]和 Ziarko[121]已经证明全部属性约简的求取是一个 NP-hard 问题，因此，许多学者提出了属性约简的启发式算法[122-124]。一个经典的启发式属性约简算法是 Michal 等[125]在他们的粗糙集库(rough set library, RSL)中实现的基于近似质量的启发式算法，该算法首先基于近似质量定义一个属性的重要度，然后递归地选取具有最大重要度的属性，从而得到一个约简。徐章艳等[126]通过分析近似质量在计算属性重要度时存在的问题，设计了一个改进的属性重要度计算公式，构造了一个时间复杂度为 $\max[O(|C||U|), O(|C|^2|U/C|)]$ 的属性约简算法。Duntsch 等[127]、Miao 等[128]、王国胤等[129]通过对粗糙集模型中知识的不确定性分析，基于信息熵的知识不确定性度量，提出了基于信息熵的启发式属性约简算法，Wang 等[130,131]更进一步地讨论了基于信息熵与基于近似质量的属性约简算法的关系。为了求取最小属性约简，Wang 等[132]和 Wroblewski[133]分别提出了基于粒子群和遗传算法等进化理论的属性约简方法。Min 等[134]发现最小属性约简在很多情况下并不是最好的约简，并不能帮助粗糙集方法获得更好的泛化性能，因此，他们提出了基于最小属性值域空间的属性约简方法，但是在某些情况下仍然不能获得满意的性能。除此之外，叶东毅[135]提出了一种结合启发式算法和差别矩阵算法的属性约简方法，文献[136]~文献[139]将近似质量与信息熵结合起来提出了一种基于粗糙熵的属性约简方法，刘少辉等[140]基于排序思想给出了一种时间复杂度为 $O(|C|^2|U|\log|U|)$ 的属性约简算法，Slezak[141,142]提出了近似属性约简算法，Bazan 等[143,144]提出了动态属性约简算法，

文献[145]~文献[148]研究了不一致信息系统的属性约简等。在目前已经提出的各种属性约简方法中,基于差别矩阵、近似质量和信息熵的方法是最为基本的属性约简方法,其他方法基本上都是对这三种方法在算法效率、性能等方面的改进和融合研究,在实际的属性约简中,这三种最基本的方法仍然是最广泛采用的方法,并且它们也是新的属性约简算法设计的基础。

对于规则提取,在机器学习领域已经被广泛研究,并且已经提出了许多算法,如 AQ[149]、PRISM[150]、CN2[151]等。尽管粗糙集方法没有自己特有的规则提取算法,然而,基于粗糙集的规则提取算法有其自身的特点,这主要体现在其对不一致数据的处理上:粗糙集方法不像其他方法那样对不一致数据进行统计、纠正等预处理操作,而是直接利用上、下近似将这些不一致数据转化为一致数据,然后从这些转化的一致数据中提取确定性和可能性规则[152,153]。一些代表性的粗糙集规则提取算法及软件系统可归纳如下。Grzymala-Busse[152]和 Chan 等[154]基于局部覆盖思想,通过定义启发式条件递归地选取最好的基本规则前件,提出了规则提取的 LEM2 算法,并且在此基础上构建了 LERS 粗糙集学习系统。Skowron 等[117,155]提出了基于差别矩阵和布尔推理的规则提取算法,并且通过融合近似约简、动态约简、数据过滤等技术,开发了 Rosetta 粗糙集学习系统的计算核心[156]。文献[157]~文献[159]基于 Explore 算法,提出了一种全部规则提取算法和一种能够满足用户给定要求的满意规则提取算法,并且在此基础上开发了 RoughFamily 粗糙集学习系统。Ziarko 等[160]提出了基于决策矩阵的规则提取算法,并开发了 KDD-R 粗糙集学习系统,主要针对海量数据的强规则提取。Stefanowski[161]对各种粗糙集规则提取算法进行了综述和比较,将目前主要的规则提取算法分为三类:最小规则提取算法、全部规则提取算法和满意规则提取算法。其中 LEM2 是最小规则提取的典型算法,Explore 是全部规则和满意规则提取的典型算法,终止条件的差异决定了 Explore 算法最终提取的规则类型;在这三类算法中,最小规则提取算法对计算资源的占用最小,更适合于构建分类器,而其他两类算法通常需要占用大量的计算资源,经常被用于其他知识发现任务,特别是利用它们从数据中发现具有潜在兴趣的知识;通过构建对比实验,Stefanowski 等发现这三类算法在分类性能方面并不存在明显的优劣差异,并且与 ID3[54]、C4.5[162]等经典机器学习算法的性能相当,然而,最小规则提取算法获得的规则数目最少,全部规则提取算法获得的规则数目远远超过最小规则提取算法,并且含有大量的冗余规则和弱规则,而满意规则提取算法则能够根据用户给定要求进行规则获取,其获得的规则数目介于上述二者之间。

在推理决策方面,粗糙集方法与其他机器学习方法不存在差异,因此,粗糙集方法可以借鉴机器学习领域的研究成果。在机器学习领域,基于规则的推理决策算法大体可以分为两类:一类是基于排序规则的算法,其代表算法是 C4.5[162]

和 CN2[151]。在推理决策时，这类算法首先对规则进行排序，然后按照排序的规则，从第一条规则开始，对新数据样本进行匹配，最早匹配的规则将被用来对新数据样本进行分类，余下的规则不再进行匹配，当所有的规则都不能与新数据样本匹配时，最后一条规则将作为默认规则来对新数据样本进行分类。另一类推理决策算法是基于规则评价系数的算法，这类算法首先对全部规则进行扫描，然后利用匹配规则的某些相关评价系数对新数据样本进行综合决策。目前，粗糙集方法主要是基于规则评价系数的算法来进行推理决策，一些典型的算法可归纳如下。Pawlak[28]将支持度、可信度和覆盖度系数引入粗糙集方法的规则评价中，研究了基于这些规则评价系数的推理决策。而 Grzymala-Busse[163]进一步引入了规则强度、规则长度等评价系数，在推理决策时，所有评价系数综合在一起，得到的最强决策作为新数据样本的类预测。Stefanowski[164]提出了基于最近规则的推理决策算法，该算法首先基于距离度量寻找与新数据样本最近的规则，然后，最近的规则被用来对新数据样本进行分类。与 Stefanowski 提出的方法相似，另一个更复杂的推理决策方法是 Slowinski 等[165,166]提出的基于接近关系评估的方法，在他们的方法中，首先计算每条规则与新数据样本的相似性和差异性，然后，通过特定的阈值将规则与新数据样本之间的接近关系评估为可能相似、微小差异、显著差异和无差异，最后，用这些经过评估的接近关系来对新数据样本进行推理决策。

粗糙集理论自 1982 年被 Pawlak 提出以来，经过 30 多年的发展，已经取得了长足进步，目前该理论已经成为机器学习领域十分活跃的一个研究分支。作为一种新型的软计算工具，粗糙集方法被广泛地应用于工业、医疗、商业、制药、金融、化学、材料、地理、社会科学、分子生物等诸多领域，取得了巨大的成功[167]。然而，由于 Pawlak 粗糙集理论是基于经典的集合论和严格的二元等价关系建立起来的，这在很大程度上限制了粗糙集方法在许多实际问题中的应用，为此，许多学者有针对性地开展了经典粗糙集方法的拓展研究。

1.3.2 粗糙集方法的拓展研究

粗糙集理论研究的核心问题是分类分析，由于 Pawlak 粗糙集模型严格按照等价类进行分类，所以它所处理的分类必须是完全的，即"完全包含"或"完全不包含"，而没有某种程度上的"包含"或"属于"，这使得 Pawlak 粗糙集方法对数据噪声异常敏感，很小的噪声就可能明显地改变分类结果。为了解决这一问题，Ziarko[168]通过在 Pawlak 粗糙集模型的上、下近似定义中引入阈值，即允许一定程度的错误分类存在，提出了可变精度粗糙集模型。文献[169]~文献[171]在 Ziarko 工作的基础上进一步研究了基于可变精度粗糙集模型的属性约简、规则提取等问题，从实际应用的角度对可变精度粗糙集模型进行了丰富和完善。可变精度粗糙集模型由于允许一定程度的错误分类存在，所以能够避免对数据噪声的过度拟合，从而降低了数据噪声对粗糙集方法的影响，提高了粗糙集方法对新数据样本的泛化性能，使得粗糙集方法在实际应用中的鲁棒性能够明显增强。

当利用粗糙集方法进行实际问题处理时，所研究的信息可能是不完全或者是不确定的，Pawlak 粗糙集模型由于是基于确定性信息的，所以忽视了可利用信息的不完全性和可能存在的统计信息。在这种情况下，如果仍然利用 Pawlak 粗糙集模型来处理这些不完全、不确定的信息，将不能完全反映问题的实质。由于概率是对不确定信息的一种客观反映，所以 Pawlak 等[172]和 Yao 等[173]从概率论的观点出发对经典粗糙集模型进行了扩展，提出了概率粗糙集模型。Wong 等[174]研究了贝叶斯决策问题与概率粗糙集模型的关系，指出贝叶斯决策问题可转化为概率粗糙集模型。由于概率不仅能够表达信息的客观统计结果，而且也能够表达关于信息的先验知识，所以在这一意义下，概率粗糙集模型提供了一种能够在粗糙集方法中考虑先验知识的途径。

经典集合论所描述的信息是清晰的，即一个论域中的对象或者属于或者不属于某个集合，二者必居其一，但在许多实际问题中，所研究的信息很可能是模糊的，例如，张三是年轻人，李四是老年人，这里的年轻人和老年人之间并没有明确的界限，二者之间存在一定的模糊性，在这种情况下，经典集合论的二值逻辑将不能完全反映实际情况。为了研究现实世界中的模糊信息，Zadeh[175]在 1965 年提出了模糊集的概念。Pawlak 粗糙集模型由于是基于经典集合论的，所以他对模糊信息的处理显得无能为力。为此，Dubois 等[96,176]、Yao[97]、Slowinski 等[177]研究了模糊集的粗糙近似，提出了模糊粗糙集。虽然模糊集和粗糙集在处理不确定性与不精确性问题方面都推广了经典集合论，并具有一定的相容性及相似性，但是它们的侧重面是不同的。从知识的"粒度"描述上来看，模糊集是通过对象关于集合的隶属程度来近似描述的，而粗糙集是通过一个集合关于某个可利用知识库的一对上、下近似来描述的；从集合对象间的关系来看，模糊集强调的是集合边界间的不分明性，而粗糙集强调的是对象间的不可分辨性；从研究的对象来看，模糊集研究的是属于同一类的不同对象的隶属关系，重在隶属程度，而粗糙集研究的是不同类中的对象组成的集合关系，重在分类。虽然模糊集的隶属函数和粗糙集的粗糙隶属函数都反映了概念的模糊性，直观上有一定的相似性，但是模糊集的隶属函数大多是专家凭经验给出的，因此往往带有很强烈的主观意志，而粗糙集的粗糙隶属函数的计算是从被分析的数据中直接获得的，非常客观。因此，将粗糙集理论和模糊集理论进行某些"整合"后来描述知识的不确定性与不精确性比它们各自描述知识的不确定性及不精确性有望显示出更强的功能，模糊粗糙集就是其中的一个成功范例。

在 Pawlak 粗糙集模型中，论域上的二元关系要求是等价关系，但在很多实际问题中，论域上的二元关系不是等价的。Greco 等[178,179]放松了对论域上二元关系的对称性要求，提出了基于偏好关系的粗糙集模型，并深入探讨了这一模型的代数特性，研究了基于这一模型的属性约简、规则提取等问题。Słowiski 等[180,181]将论域上的二元关系放松为只要求自反性，提出了基于相似关系的粗糙集模型，Greco 等[182]进一步研究了相似关系的模糊扩展，提出了基于模糊相似关系的粗糙集模型。Yao 等[183]通过将论域上的二元等价关系推广为任意的二元关系，得到了一般关系下的粗糙集模型。通过将对象的等价类看作该对象的邻域，文献[184]～文献[187]从另一个角度提出和研究了基于邻域算子的粗糙集模型，为了引入集合近似的定量信息，Yao 等[173]和 Lin 等[188]进一步提出了程度粗糙集模型，程度粗糙集模型可以看作一般关系下的可变精度粗糙集模型。

此外，Greco 等[189-191]针对信息表中存在的属性值遗失问题，扩展了经典不可区分关系的定义，研究了不完全信息表处理的粗糙集方法。张文修等[192]针对信息表中属性取值可能存在的随机性，通过将属性的可能取值全部予以考虑，将属性由单点取值变为集合取值，并将信息描述函数看成随机集，从而提出了基于随机集的粗糙集模型。为了将先验知识引入粗糙集模型，Ma 等[193]利用权代表每个数据样本的重要性，研究了考虑数据样本加权的可变精度粗糙集模型的属性约简问题。为了处理数据样本的类不平衡问题，Stefanowski 等[194]将过滤和移除技术引入粗糙集方法中来处理边界域中来自多数类的数据样本，目的是改善粗糙集方法对少数类新数据样本的泛化性能。

针对经典粗糙集方法在实际应用中存在的问题，目前，研究者已经提出了许多拓展粗糙集方法，这些拓展方法极大地提高了粗糙集方法处理各类实际问题的能力。然而，作为一种机器学习方法，粗糙集方法在实际应用中的一个基本问题，即其泛化性能，目前尚未系统地研究。

1.4 故障诊断中影响粗糙集方法泛化性能的主要问题

1.4.1 数据噪声普遍存在

利用粗糙集方法进行故障诊断的一般步骤如下：首先通过保持所有故障类的上、下近似和边界域不变，去除冗余的征兆，即对征兆进行约简；其次基于约简征兆集，从故障实例中提取故障诊断知识，实现对现有故障实例的完美分类；最后利用提取的故障诊断知识对新故障实例进行诊断。从粗糙集方法进行故障诊断的整个过程可以看出，粗糙集方法在进行故障征兆约简和诊断规则提取时仅考虑现有故障实例集上的分类准确性，因此，从统计学习理论的角度看，粗糙集方法是一个基于 ERM 原则的机器学习方法，即粗糙集方法对现有故障实例能够保证具有最小的诊断错误，但是对新故障实例不能保证仍然具有最小的诊断错误。

当某些故障实例的征兆值或类别值含有噪声时，粗糙集方法为了保证对现有故障实例具有最小的诊断错误，通常会保留更多的征兆和提取更多的诊断规则，以便对这些被噪声污染的故障实例做出正确的诊断。显然，为此而增加的征兆和诊断规则仅是噪声作用的结果，并不能反映故障发生的本质规律，因此它们对新故障实例的诊断不仅毫无帮助，而且还有可能对其诊断产生干扰，这就是在机器学习过程中经常碰到的"过拟合"现象[195, 196]。

一个简单而直接的防止"过拟合"发生的方法是不苛求分类器对现有故障实例的完美诊断，而是提前停止学习过程，从而避免对那些被噪声污染的故障实例进行拟合。Liu 等[197,198]在利用粗糙集方法进行征兆约简时，不是保留对故障实例具有分类贡献的全部征兆，而是引入了一个阈值，那些分类贡献小于给定阈值的征兆将被作为冗余征兆删除，以此来去除对真实故障模式提取毫无帮助而仅对被噪声污染的故障实例具有分类作用的征兆，即避免在征兆约简过程中发生"过拟合"。Stefanowski[161]和 Chen 等[199]在利用粗糙集方法进行规则提取时，仅提取那些支持度大于给定阈值的规则，以此来避免在规则提取过程中发生"过拟合"。Ziarko[168]提出的可变精度粗糙集模型通过设置阈值参数，放松了经典粗糙集模型对上、下近似的严格定义，从而允许约简的征兆和提取的故障诊断规则对现有故障实例可以有一定程度的错误分类，显然，可变精度粗糙集模型在模型层次上避免了粗糙集方法过度拟合那些被噪声污染的故障实例。通过设置阈值提前停止学习过程在一定程度上能够防止粗糙集方法过度拟合那些被噪声污染的故障实例，提高粗糙集方法对新故障实例的泛化性能。然而，在实际故障诊断中，故障实例被噪声污染的程度一般难以确定，因此，阈值大小的选择通常是很困难的。

"奥卡姆剃刀"是 14 世纪逻辑学家、圣方济各会修士奥卡姆的威廉（William of Occam，1285～1349 年）提出的一个哲学原理，内容可概括为"如无必要，务增实体"，即"简单的就是最好的"，其核心思想就是为了获得实际问题的最好解必须对问题解决方案的复杂性进行控制。目前，这一原理已被广泛地应用于社会各个领域，取得了很好的效果。实际上，噪声原因导致的分类器过于复杂恰恰是"过拟合"发生的根本原因，因此，可以利用"奥卡姆剃刀"原理，通过控制分类器的复杂度来防止"过拟合"的发生。作为一个哲学原理，"奥卡姆剃刀"对于问题的解决具有很好的指导性，然而它只是一个定性的复杂度控制理论，为了更易于实际操作，我们通常需要一些定量的理论。在机器学习领域，典型的复杂性控制理论包括 SRM 原则[200,201]、最小描述长度原理[67,202]、基于十字交叉验证的模型评价[203,204]等。基于这些理论，有针对性的复杂性控制技术已被广泛地应用于各种机器学习方法[205-207]中，其中一些典型的例子，如决策树学习中被广泛采用的剪枝技术[74,75]、基于最小描述长度和 SRM 的决策树节点规模控制[76-78]、神经网络学习中对神经元规模和节点连接权值的控制[79-82]以及支持向量机中对分类间隔的控制[208, 209]等。实践证明，这些复杂性控制技术在很大程度上改善了各种机器学习方法的泛化性能。

在粗糙集方法中,对征兆约简和最小征兆约简的求取[132,133]所基于的理念是用最少数目的征兆来分类故障实例,显然这与"奥卡姆剃刀"原理是一致的。然而,研究表明最小征兆约简在很多情况下并不能帮助粗糙集方法获得更好的泛化性能。为此,Min 等[134]进一步尝试通过控制征兆值域空间的大小来控制粗糙集方法的复杂性,取得了一定的效果,但是在某些情况下仍然不能使粗糙集方法获得满意的泛化性能。究其根源是因为这些方法都不能从本质上控制粗糙集方法的真实复杂性,因此,有必要在粗糙集方法中引入合适的复杂性控制技术,从本质上改进粗糙集方法的泛化性能。

1.4.2 多类故障的诊断规则提取存在类间相互干扰

在实际的故障诊断问题中,通常多类故障并存,以汽轮机轴系振动故障为例,常见故障包括不平衡、不对中、油膜涡动、转子碰摩、汽流激振等。多数机器学习方法能够直接进行多类故障诊断规则的提取,例如,神经网络、决策树和粗糙集等。而有些机器学习方法虽然本质上只能对两类故障进行处理,但是通过构建多个两类分类器进行协同决策也能够对多类故障进行处理,一个典型的例子是支持向量机。由此可见,对多类故障的诊断在实现方法上不存在任何困难。

然而,对多类故障的诊断存在一个内在问题,即在多类故障诊断知识提取过程中存在类间相互干扰。以汽轮机轴系振动故障诊断为例,假设要利用粗糙集方法对不平衡、不对中、油膜涡动和转子碰摩 4 类故障进行诊断知识提取,首先需要对故障征兆进行约简,然后,基于约简征兆集,能够从故障实例中提取诊断规则。由故障机理可知:1 倍频是不平衡故障的关键征兆,2 倍频是不对中故障的关键征兆,0.5 倍频是油膜涡动的关键征兆,具有相对广泛的频谱分量是转子碰摩的关键征兆。由于每类故障的关键征兆是该类故障发生最直接的体现,由关键征兆表达的故障诊断知识能够最直接地反映该类故障发生的内在规律,具有最简捷的知识表达形式,对该类故障的新故障实例具有最大的泛化能力,最理想的情况是所提取的每类故障的诊断知识均由该类故障的关键征兆表达。实际上,每类故障的关键征兆除了对该类故障具有显著的分类能力,对其他类故障通常也具有一定的分类能力,因此,在故障征兆约简过程中,可能只需要 1 倍频和 2 倍频两个故障征兆就能实现对 4 类故障全部现有故障实例的完美分类,从而征兆约简的结果为 1 倍频和 2 倍频。由此,对于油膜涡动和转子碰摩故障所提取的故障诊断知识必然由 1 倍频和 2 倍频两个征兆来表达,这样的故障诊断知识虽然能够保证对油膜涡动和转子碰摩的现有故障实例实现完美分类,但由于这两个征兆并非是油膜涡动和转子碰摩故障发生的最直接体现,所以得到的故障诊断知识通常不具有强的统计特性,故而不能确保对这两类故障的新故障实例依然具有可靠的泛化性能。

类间相互干扰是多类故障诊断知识提取过程中存在的一个内在问题,故障类别数目越多,类间相互干扰现象也将越严重。由于某些类故障的关键征兆被认为是冗余征兆而被删除,这是多类故障诊断知识提取产生类间干扰的直接原因。所以,一个直观的处理方法是在利用粗糙集方法进行多类故障诊断知识提取时不进行征兆约简,而是利用全部故障征兆来提取故障诊断知识。然而,这种方法不仅与机器学习领域中广为采用的通过征兆约简来提高机器学习方法泛化性能的常规做法背道而驰,而且还会增加粗糙集方法在故障诊断中获取征兆的代价。针对异常值检测而提出的一类分类器只利用目标类信息来构建分类器[210-213],因此不存在类间干扰问题。然而,由于一类分类器在定义分类边界时仅利用目标类的信息[212, 214-216],不像多类分类器可以利用更多的其他类信息,因此,通常情况下一类分类器的性能比不上多类分类器[215,217]。两类分类器尽管也存在类间相互干扰,即故障征兆约简的结果只包含其中一类故障的关键征兆以至于另一类故障的诊断知识并非由自身关键征兆来表达,然而,相对于多类问题,两类分类器的类间相互干扰程度明显降低,因此,将多类问题转化为两类问题有望降低多类问题的类间干扰。

对于如何利用两类分类器来处理多类问题,在支持向量机领域已有大量研究成果,典型的处理方法包括一对多支持向量机[218]、一对一支持向量机[219,220]、有向无环图支持向量机[221]、纠错编码支持向量机[222]、层次支持向量机[223]等。显然,这些研究成果能够为粗糙集方法处理多类问题的类间干扰提供很好的借鉴。

为了提高粗糙集方法在多类故障诊断问题中的泛化性能,有必要从多类问题类间干扰发生的本质出发,即某些类故障的诊断知识并非由自身关键征兆表达,通过将多类问题转化为两类问题,设计多类问题的类间干扰抑制算法。

1.4.3 故障数据的类分布不平衡

在工业生产过程中,不同故障发生的概率通常具有相当大的差异,以汽轮机轴系振动故障为例,绝大多数情况下机组工作于正常工况,对于故障工况,发生概率最大的故障为不平衡,其次为不对中、油膜涡动、转子碰摩等故障,汽流激振等个别故障很少发生。故障发生概率的差异直接导致人们对各类故障实例的获取存在明显的难易程度差异,从而使得获取的故障实例通常存在明显的类不平衡现象。当利用粗糙集方法从这样的类不平衡故障实例中提取故障诊断知识时,一方面粗糙集方法倾向于选取多数类故障的关键征兆,从而不利于提取具有可靠泛化性能的少数类故障诊断知识;另一方面粗糙集方法是基于对故障实例的统计来得到每条规则的评价系数的。因此,得到的少数类故障诊断规则通常具有较低的规则支持度、可信度等评价系数,这直接导致在后续的故障诊断中,少数类故障诊断知识的作用无法充分发挥。由于上述原因,当故障实例的类分布存在不平衡时，粗糙集方法对少数类新故障实例通常具有较差的泛化性能，然而，在实际故障诊断中，少数类故障往往是人们更关心的，通常具有更高的重要性。

对于类不平衡问题，一个常用的处理方法是在数据或者算法层次上引入关于数据的先验知识来平衡数据集的类分布，从而使得少数类数据样本中蕴含的知识得以强化[224, 225]。重采样技术是在数据层次上引入先验知识的流行方法，它通过欠采样多数类或者过采样少数类来平衡一个数据集的类分布，基于这些重采样的数据，一个标准的机器学习方法能够直接用来对类不平衡问题进行处理。由于重采样技术无须对学习方法进行修改，实现简单，通用性强，目前已被广泛地用于类不平衡问题的处理[226-233]。样本加权是在算法层次上引入先验知识的流行方法，它通过为少数类数据样本分配更大的权来平衡一个数据集的类分布，研究表明样本加权能获得比重采样技术更好的性能[225, 234]。为了接收数据样本的权值输入，目前许多标准的机器学习方法，如最近邻、决策树、神经网络、支持向量机等已经被改进并用于类不平衡问题的处理[235-242]。除了在数据或者算法层次上引入关于数据的先验知识来平衡数据集的类分布，另一个重要的类不平衡问题处理方法是使用一类分类器[210, 214, 215]。当利用一类分类器对类不平衡问题进行处理时，重要而稀少的少数类将被作为目标类来构建分类器，因此，能够避免少数类数据样本中蕴含的知识被忽视，与常规方法相比，一类分类器能够改善对少数类新数据样本的泛化性能[243-245]。

为了考虑关于数据样本的先验知识，可以采用 Slezak 等[246]和 Hu 等[247]提出的概率与模糊概率粗糙集模型，这是因为关于数据样本的先验知识可以通过概率来表达，然而在实际应用中，概率通常难以被确定。Ma 等[193]通过将权引入可变精度粗糙集模型中来代表每个数据样本的先验知识，弥补了上述模型中概率确定困难的不足，然而，他们仅讨论了权对可变精度粗糙集模型属性约简的影响。为了对类不平衡问题进行处理，Stefanowski 等[194]将过滤和移除技术引入粗糙集方法中来处理边界域中来自多数类的数据样本，实验结果表明这些技术改善了粗糙集方法对少数类新数据样本的泛化性能，然而，这些技术仅将关于数据样本的先验知识引入边界域而并非整个数据样本集，因此，这些技术仅能被用来改善粗糙集方法对边界域中少数类新数据样本的泛化性能。

目前，对于类不平衡问题的处理，在粗糙集方法中还没有系统、深入地研究，因此，有必要在粗糙集方法中引入相应的类不平衡问题处理技术，提高粗糙集方法对少数类新故障实例的泛化性能。

1.4.4 故障的误诊断代价存在差异

在工业生产过程中，不同故障对设备的危害程度通常是不同的，因此，故障之间的误诊断代价(损失)必将存在差异。以正常工况和故障工况的误诊断为例,一个诊断系统如果将存在故障的设备误诊断为运行正常,通常会延误故障处理的最佳时机,使故障发展到严重程度,以致危害设备安全,造成巨大的经济损失,更有甚者危及人身安全;而如果将正常运行的设备误诊断为故障,虽然也可能需要花费一定的人力和财力来分析与处理这一误报故障,但与前者相比,付出的代价将大大降低。同样地,把高危害故障误诊断为低危害故障也要比相反情况付出更高的代价。常规粗糙集方法由于是基于诊断错误率最小化的,不考虑故障之间的误诊断代价差异,所以,通常情况下,常规粗糙集方法不能优先选取高代价故障的关键征兆,并且不能优先提取高代价故障的诊断规则以及为其赋予更高的规则支持度和可信度。当利用这样的故障诊断知识进行故障诊断时,通常不能保证对高代价故障具有较高的泛化性能,从而难以最小化故障诊断的代价。目前,面向实际问题的代价敏感故障诊断已经成为故障诊断领域一个十分重要的研究方向[238,242]。

在机器学习领域中,对于代价敏感问题,其处理方法大体上可以分为两类[242,248]。其中一类处理方法是在数据或者算法层次上修改数据样本的类分布,通过数据样本的类分布信息来代表每类的期望误分类代价,然后利用与类不平衡问题处理相似的方法来进行代价敏感问题的处理[232,237,249-253,]。然而,对于多类问题,这类处理方法仅能考虑每类的期望误分类代价,无法对任意两类之间的相互误分类代价进行单独考虑[238,241]。另一类代价敏感问题的处理方法是在分类过程中基于贝叶斯风险理论将新数据样本分类为具有最小期望代价的类[254,255]。对于一个机器学习方法,这类处理方法可以不对其学习过程进行任何修改,而只需要对其分类过程进行修改便能对代价敏感问题进行处理,另外,相对于前一类方法,这类处理方法能够对任意两类之间的相互误分类代价单独考虑[241]。

目前,对于代价敏感问题的处理,在粗糙集方法中,尚未见相关研究报道,因此,有必要在粗糙集方法中引入相应的代价敏感问题处理技术,提高粗糙集方法对高代价故障类新故障实例的泛化性能,从而最小化故障诊断的代价。

从上述几节的分析可以看出,粗糙集方法在实际故障诊断中的泛化性能尚未系统地研究,因此,有必要引入相应的处理技术,对实际故障诊断中影响粗糙集方法泛化性能的各种问题进行处理。

1.5 本书的研究内容及章节安排

在实际的故障诊断中,粗糙集方法由于具有强大的不一致信息处理能力,并且得到的规则型知识容易被人所理解,所以该方法已经被广泛地应用于工业过程及设备的故障诊断,在故障征兆约简、诊断知识获取及知识库构建等诸多方面表现出巨大的优势。然而,到目前为止,粗糙集方法在实际故障诊断中的泛化性能却很少被研究，为此，本书将分别针对 1.4 节分析的实际故障诊断中影响粗糙集方法泛化性能的各种问题展开深入系统的研究。

第 1 章为绪论。介绍了粗糙集理论及方法在故障诊断应用的优势及不足，综述了粗糙集方法和机器学习方法泛化性能控制的研究进展，指出了影响粗糙集方法泛化性能的主要问题，最后给出了本书的章节安排。

第 2 章对粗糙集基本理论及方法进行介绍。包括粗糙集理论的决策表，上、下近似，不确定性度量，属性约简，决策规则等基本概念，然后在此基础上系统地阐述基于粗糙集理论的属性约简方法、决策规则提取方法以及分类决策方法。

第 3 章对机器学习泛化性能控制理论及方法进行介绍。对机器学习方法泛化性能的研究一直是机器学习领域研究的一个热点问题，Vapnik 等[59]提出的 SRM 原则目前被公认为是控制机器学习方法泛化性能的有效工具，其核心思想是在最小化学习过程经验风险的同时控制机器学习方法的复杂性。

第 4 章针对一般故障诊断问题，对粗糙集方法的泛化性能进行系统的研究。为了在故障诊断中控制粗糙集方法的泛化性能，本章将 SRM 原则引入粗糙集方法中，通过对粗糙集方法的复杂性进行评价和度量，研究粗糙集方法的结构风险控制方法，设计相应的结构风险最小化算法。为了对提出的 SRM 方法进行全面系统的评价，通过开展汽轮机振动故障诊断和 12 个加利福尼亚大学欧文分校 (University of California Irvine, UCI) 算法评价数据集上的 SRM 实验，验证提出方法的有效性。

第 5 章针对多类故障诊断问题中存在的类间相互干扰开展系统的研究，目的是提高粗糙集方法在多类故障诊断问题中的泛化性能。多类故障诊断问题中类间干扰发生的本质是某些类故障的关键征兆被认为是冗余征兆而被删除，这些类故障的诊断知识并非由自身的关键征兆表达，因此无法保证粗糙集方法对这些类新故障实例具有可靠的泛化性能。从多类故障诊断类间干扰发生的本质出发，本章通过将多类问题转化为两类问题，提出基于两类分类器设计的粗糙集类间干扰抑制方法，为了使提出的方法获得最好的类间干扰抑制效果，进一步系统地比较两类分类器的几种构建策略以及各分类器之间的几种协同决策策略。通过开展汽轮机多类振动故障诊断和 14 个 UCI 算法评价数据集上的类间干扰抑制实验，分析基于两类分类器设计的类间干扰抑制方法的工作原理，验证提出方法的有效性。

第 6 章针对故障诊断中存在的类不平衡问题开展系统的研究，目的是提高粗糙集方法对少数类新故障实例的泛化性能。在类不平衡故障诊断问题中，少数类故障难以得到应有的重视是导致常规粗糙集方法对少数类新故障实例具有较差泛化性能的根本原因。通过对机器学习领域中广泛采用的几种类不平衡问题处理方法进行综合分析和比较，本章将样本加权技术引入粗糙集方法中，提出加权粗糙集模型，并开展基于加权粗糙集的类不平衡问题处理研究。通过开展汽轮机振动故障诊断以及 16 个 UCI 算法评价数据集上的类不平衡问题处理实验，验证提出方法的有效性。

第 7 章针对实际故障诊断中各故障之间存在的误诊断代价差异开展系统的研究，目的是提高粗糙集方法对高代价故障类新故障实例的泛化性能，从而降低故障诊断的代价。在代价敏感故障诊断问题中，由于常规粗糙集方法是基于诊断错误率最小化的，不考虑故障之间的误诊断代价差异，通常情况下，常规粗糙集方法通常不能保证对高代价故障具有较高的泛化性能，从而难以最小化故障诊断的代价。通过引入机器学习领域中广泛采用的代价敏感问题处理技术，提出基于加权粗糙集和最小期望代价分类准则的代价敏感故障诊断方法，并且同时考虑数据集类分布特性对代价敏感问题处理的影响，针对以往代价敏感问题处理性能评价指标与测试集特性密切相关的不足，进一步提出新的不依赖于测试集特性的性能评价指标。通过开展汽轮机振动故障诊断以及 19 个 UCI 算法评价数据集上的代价敏感问题处理实验，验证提出方法的有效性。

第2章 粗糙集基本理论及方法

2.1 粗糙集理论的基本概念

2.1.1 决策表

在粗糙集理论中，知识被看做关于论域的划分，是一种能够对对象进行分类的能力。

设 $U = \{x_1, x_2, \cdots, x_n\}$ 为给定研究对象的有限集合，U 称为论域，$\forall X \subseteq U$ 称为 U 中的一个概念或范畴，U 中的一个概念族 $F = \{X_1, X_2, \cdots, X_m\}$ 称为关于 U 的知识，其中，$X_i \subseteq U$；$\bigcup_i X_i = U$；$X_i \cap X_j = \varnothing$；$i \neq j$；$i, j = 1, 2, \cdots, m$。

知识的规范表示能够通过信息系统来完成，信息系统被定义为如下四元组：$\text{IS} = <U, A, V, f>$，其中，$U = \{x_1, x_2, \cdots, x_n\}$ 为研究对象的有限集合，即论域；$A = \{a_1, a_2, \cdots, a_m\}$ 为描述对象的全部属性所组成的有限集合，称为属性集；$V = \bigcup_{a \in A} V_a$ 为属性集 A 的值域，V_a 为属性 $a \in A$ 的值域；$f: U \times A \to V$ 为信息函数，表示对每一个 $x \in U$，$a \in A$，$f(x, a) \in V_a$。当信息系统中属性集 $A = C \cup D$，$C \cap D = \varnothing$，其中 C 为条件属性集，D 为决策属性集时，信息系统被称为决策表，决策表是最常见的信息系统。表 2-1 给出了一个汽轮机振动故障诊断的决策表示例，决策表的论域为 10 个汽轮机振动故障实例，条件属性分别为 0.4～0.6 倍频、1 倍频和 2 倍频幅值，决策属性为故障类别。

2.1.2 等价类和粗糙集

对于信息系统 $\text{IS} = <U, A, V, f>$，设 $B \subseteq A$，则属性集 B 诱导了如下不可区分关系：

$$\text{IND}(B) = \{(x, y) \in U \times U \mid f(x, a) = f(y, a), \forall a \in B\} \tag{2-1}$$

不可区分关系也称为等价关系，它将 U 划分为若干个等价类，$\text{IND}(B)$ 的所有等价类的集合记为 $U / \text{IND}(B)$，也可简单地记为 U / B。在每一个等价类中，对象间是不可区分的，对于 $\forall x \in U$ 相对于 B 的等价类定义为

$$[x]_B = \{y \in U \mid (x, y) \in \text{IND}(B)\} \tag{2-2}$$

表 2-1 汽轮机振动故障诊断决策表

故障实例(U)	条件属性(C)			决策属性(D)
	0.4~0.6 倍频(a_1)	1 倍频(a_2)	2 倍频(a_3)	故障类别(d)
x_1	低	高	低	不平衡
x_2	低	高	中	不平衡
x_3	低	高	高	不平衡
x_4	低	中	低	不平衡
x_5	低	中	中	不平衡
x_6	低	低	高	不对中
x_7	低	中	中	不对中
x_8	低	中	高	不对中
x_9	高	低	低	油膜涡动
x_{10}	高	低	中	油膜涡动

在粗糙集理论中，等价类是知识表达的基本粒子，它表明在现有的知识水平下，某些对象是不可区分的。

对于 U 中的一个概念 X，一个对象 x 是否属于 X，根据现有知识来判断，可分为如下三种情况。

(1) 对象 x 肯定属于 X。
(2) 对象 x 肯定不属于 X。
(3) 对象 x 可能属于也可能不属于 X。

当 $X \subseteq U$ 为 $\text{IND}(B)$ 的某些等价类的并时，称 X 为 B 可定义的，此时对应于上述情况(1)和(2)；否则称 X 为 B 不可定义的，此时对应于上述情况(3)。B 可定义集称为 B 精确集，B 不可定义集称为 B 粗糙集。

2.1.3 粗糙集的上、下近似

粗糙集可以用两个精确集，即粗糙集的下近似和上近似来描述。

对于信息系统 $\text{IS} = <U, A, V, f>$，设 $X \subseteq U$，$B \subseteq A$，则 X 的 B 下近似定义为

$$\underline{B}(X) = \{x \in U \mid [x]_B \subseteq X\} \tag{2-3}$$

X 的 B 上近似定义为

$$\overline{B}(X) = \{x \in U \mid [x]_B \cap X \neq \varnothing\} \tag{2-4}$$

$POS_B(X) = \underline{B}(X)$ 称为 X 的 B 正域，$NEG_B(X) = U - \overline{B}(X)$ 称为 X 的 B 负域，$BN_B(X) = \overline{B}(X) - \underline{B}(X)$ 称为 X 的 B 边界域。

$\underline{B}(X)$ 表示在现有的 B 所给出的知识水平下，U 中一定能归入 X 的所有元素的集合；$\overline{B}(X)$ 表示在现有的 B 所给出的知识水平下，U 中可能归入 X 的所有元素的集合；$BN_B(X)$ 表示在现有的 B 所给出的知识水平下，U 中既不能归入 X 也不能归入 X 的补集的所有元素的集合。上述与粗糙集相关的概念可以用图 2-1 来形象地表示。

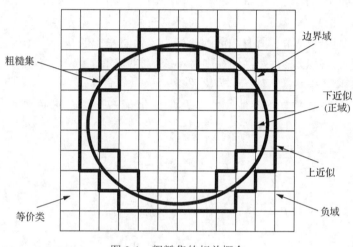

图 2-1 粗糙集的相关概念

2.1.4 粗糙集的不确定性度量

显然，边界域的大小代表了粗糙集在现有知识水平下的不确定性，X 的边界域越大，其粗糙性越大，精确性越小。为了准确地表达粗糙集的不确定性，引入近似精度和近似质量的定义。

设 $X \subseteq U$ 是一个 B 粗糙集，X 的 B 近似精度定义为

$$\alpha_B(X) = \frac{|\underline{B}(X)|}{|\overline{B}(X)|} \tag{2-5}$$

X 的 B 近似质量定义为

$$\gamma_B(X) = \frac{|\underline{B}(X)|}{|X|} \tag{2-6}$$

式中，$|\cdot|$ 代表集合中所包含元素的数目，称为集合的基数。

显然 $0 \leqslant \gamma_B(X) \leqslant 1$。当 $\gamma_B(X) = 1$ 时，不存在边界域，集合 X 相对于 B 是精确

的；当 $\gamma_B(X) < 1$ 时，存在边界域，集合 X 相对于 B 是粗糙的。

2.1.5 属性约简

对于给定的信息系统 IS $=<U, A, V, f>$，设 $B \subseteq A$，$a \in B$，如果 $\text{IND}(B) = \text{IND}(B - \{a\})$，则称 a 为 B 中冗余的；否则称 a 为 B 中必要的。如果每一个 $a \in B$ 都为 B 中必要的，则称 B 为独立的，否则称 B 为依赖的。如果 B 为独立的，且 $\text{IND}(B) = \text{IND}(A)$，则称 B 为 A 的一个约简。

属性约简是粗糙集理论研究的一个核心问题。相对于原始信息系统而言，约简不仅保持了信息系统的分类能力，而且具有简洁的知识表达形式。一个信息系统可以有多个属性约简，所有约简的交称为该信息系统的核。由于核包含在所有的属性约简中，所以核在属性约简中是不能被删除的。

对于决策表 IS $=<U, A = C \cup D, V, f>$，决策属性集 D 确定了 U 的一个分类 U/D，分类 U/D 独立于条件属性集所给出的知识 U/C，它通常是由领域专家给出的。分类分析的目的就是要建立由条件属性集所给出的知识和决策属性集 D 所确定的分类之间的对应关系。

设 $B \subseteq C$，则分类 U/D 的 B 正域定义为

$$\text{POS}_B(D) = \bigcup_{X \in U/D} \underline{B}(X) \tag{2-7}$$

简称为 D 的 B 正域，它是在现有的 B 所给出的知识水平下可以被准确地归入 D 所确定的分类的所有对象的集合。

对于 $B \subseteq C$，$a \in B$，如果 $\text{POS}_B(D) = \text{POS}_{B-\{a\}}(D)$，则称 a 为 B 中 D 冗余的；否则称 a 为 B 中 D 必要的。如果每一个 $a \in B$ 都为 B 中 D 必要的，则称 B 为 D 独立的。如果 B 为 D 独立的，且 $\text{POS}_B(D) = \text{POS}_C(D)$，则称 B 为 C 的一个 D 相对约简。所有相对约简的交集称为信息系统的相对核。

分类 U/D 的 B 近似分类精度定义为

$$\alpha_B(D) = \frac{|\text{POS}_B(D)|}{\sum_{X \in U/D} |\overline{B}(X)|} \tag{2-8}$$

分类 U/D 的 B 近似分类质量定义为

$$\gamma_B(D) = \frac{|\text{POS}_B(D)|}{|U|} \tag{2-9}$$

近似分类精度描述的是当使用现有知识对对象进行分类时可能的决策中精确决策的百分比；近似分类质量描述的是当使用现有知识对对象进行分类时能被精

确分类的对象所占的百分比。

分类 U/D 的 B 近似分类质量 $\gamma_B(D)$ 也被定义为决策属性 D 对条件属性 B 的依赖度。当 $\gamma_B(D)=1$ 时，称 D 完全依赖于 B；当 $0<\gamma_B(D)<1$ 时，称 D 部分依赖于 B；当 $\gamma_B(D)=0$ 时，称 D 完全独立于 B。

2.1.6 决策规则

一个信息系统一旦获得了约简，就可以在约简属性集的基础上通过属性及其取值来构建决策规则。

设 $B \subseteq A$，$E \in U/B$，则等价类 E 相对于属性集 B 的类描述为

$$\text{DES}(E,B) = \wedge(a = f(x,a)), \quad x \in E, \ a \in B \tag{2-10}$$

式中，$a = f(x,a)$ 代表类描述的基本要素。

对于决策表 $\text{IS} = <U, A = C \cup D, V, f>$，设 $B \subseteq C$，$X \in U/B$，$Y \in U/D$，则决策规则具有如下形式：

$$\text{DES}(X,B) \Rightarrow \text{DES}(Y,D) \tag{2-11}$$

式中，$\text{DES}(X,B)$ 代表规则的条件部分，称为规则前件，相应地，$\text{DES}(X,B)$ 的基本要素称为规则的基本前件；$\text{DES}(Y,D)$ 代表规则的决策部分，称为规则后件，相应地，$\text{DES}(Y,D)$ 的基本要素称为规则的基本后件。

当前件能唯一确定后件时，规则为确定性规则，否则规则为可能性规则。为了对决策规则进行定量评价，定义规则的支持度、可信度和覆盖度如下。

设 r 为式(2-11)描述的决策规则，则规则 r 的支持度定义为

$$\mu_{\sup}(r) = \frac{|X \cap Y|}{|U|} \tag{2-12}$$

规则 r 的可信度定义为

$$\mu_{\text{cer}}(r) = \frac{|X \cap Y|}{|X|} \tag{2-13}$$

规则 r 的覆盖度定义为

$$\mu_{\text{cov}}(r) = \frac{|X \cap Y|}{|Y|} \tag{2-14}$$

当 $\mu_{\text{cer}}(r)=1$ 时，r 为确定性规则；当 $0<\mu_{\text{cer}}(r)<1$ 时，r 为可能性规则。利用从决策表中提取的规则，粗糙集理论能够用来对对象分类。

2.2 基于粗糙集理论的属性约简方法

在许多实际问题中，信息系统中的属性并不是同等重要的，甚至某些属性是冗余的。属性约简就是在保持原始信息系统分类能力不变的情况下，删除其中冗余或不重要的属性，从而简化知识表达。

属性约简问题在粗糙集理论中已经被广泛研究，目前，已经提出了许多属性约简算法[117,122,145,147]。众所周知，一个信息系统通常包含多个约简，由于全部属性约简的求取是一个 NP-hard 问题[120,121]，所以基于各种属性重要度评价指标的启发式属性约简算法得到了广泛的应用，其中基于属性依赖度的启发式属性约简算法是最基本和最具代表性的一种算法。

对于决策表 $IS = <U, A = C \bigcup D, V, f>$，$B \subseteq C$，$a \in C - B$，则基于决策属性对条件属性的依赖度，$a$ 在条件属性集 B 基础上相对于决策属性 D 的重要度定义为

$$SIG_\gamma(a, B, D) = \gamma_{B \bigcup \{a\}}(D) - \gamma_B(D) \tag{2-15}$$

式中，$\gamma_B(D)$ 代表决策属性 D 对条件属性 B 的依赖度。

由式(2-15)可以看出，$SIG_\gamma(a, B, D)$ 反映了属性 a 在当前条件属性集 B 基础上所提供的精确分类知识的多少，$SIG_\gamma(a, B, D)$ 越大，表示 a 对决策越重要，因此，基于属性重要度 $SIG_\gamma(a, B, D)$ 能够设计启发式的属性约简算法，详细的算法流程如算法 2-1 所示。算法 2-1 开始于一个空属性集，然后递归地选择具有最大重要度的属性，为了抑制数据噪声的影响，算法引入停止阈值 ε，当属性的加入不能提供显著的精确分类知识时，算法终止，输出属性约简结果。

算法 2-1 属性约简算法
输入：决策表 $IS = <U, A = C \bigcup D, V, f>$ 和算法停止域值 ε
输出：C 的一个 D 相对约简 B
begin
    计算决策属性对条件属性的最大依赖度 $\gamma_C(D)$；
    $B \leftarrow \emptyset$；
    while $B \subset C$ do
    begin
        for 每一个 $a \in C - B$ do
            计算 $SIG_\gamma(a, B, D)$；
            选择使 $SIG_\gamma(a, B, D)$ 最大的属性 a，若同时有多个属性满足，从中选取一个与

B 属性值组合数最少的属性；

　　　$B \leftarrow B \cup \{a\}$；

　　　if $\gamma_C(D) - \gamma_B(D) \leqslant \varepsilon$ then 退出循环；

end

　　for 每一个 $a \in B$ do

　　　if $\gamma_C(D) - \gamma_{B-\{a\}}(D) \leqslant \varepsilon$ then

　　　　$B \leftarrow B - \{a\}$；

输出 B；

end

2.3　基于粗糙集理论的决策规则提取方法

　　粗糙集方法之所以能够广泛地应用于各种模式分类问题，在很大程度上得益于其两方面的特点：一方面，粗糙集方法能够对信息系统进行属性约简，从而简化知识表达；另一方面，粗糙集方法给出的知识为规则型知识，能够被人们所理解。更为重要的是，粗糙集方法具有强大的从不一致信息中提取规则的能力，粗糙集方法不像其他机器学习方法那样对不一致数据进行统计、纠正等预处理操作，而是直接利用上、下近似的概念将这些不一致数据转化为一致数据，然后提取确定性和可能性规则。

　　目前，已经提出了许多基于粗糙集理论的规则提取算法，其中 Grzymala-Busse 提出的 LEM2 算法是一个被广泛采用的规则提取算法[152, 161]。LEM2 算法是一个启发式的规则提取算法，算法最终生成一个最小规则集。

　　为了便于从不一致数据中提取可能性规则，首先引入泛化决策的概念。

　　对于给定的决策表 $IS = <U, A = C \cup D, V, f>$，设 $B \subseteq C$，$D = \{d\}$，d 的值域为 $V_d = \{v_1, v_2, \cdots, v_n\}$，则任一对象 $x \in U$ 相对于 B 的泛化决策定义为

$$\delta_B(x) = \{v_i \mid f(y, d) = v_i, y \in [x]_B\} \tag{2-16}$$

　　当决策表中所有对象的泛化决策 $|\delta_B(x)| = 1$ 时，该决策表为一致的；否则该决策表为不一致的。

　　按照泛化决策，论域 U 能被划分为若干个不相交的对象子集 K，每个子集中的对象具有相同的泛化决策值。如果一个对象子集 K 的泛化决策 $|\delta_B(K)| = 1$，则 K 中的所有对象在现有的 B 所给出的知识水平下能够被精确地分类，此时 K 为 $\delta_B(K)$ 所对应的决策等价类的下近似；如果对象子集 K 的泛化决策 $|\delta_B(K)| > 1$，则 K 中的对象在现有的 B 所给出的知识水平下无法被精确地分类，只能被可能地分类，此时 K 为 $\delta_B(K)$ 所对应的几个决策等价类的公共边界部分。假设给定的决

策表包含 3 个决策等价类 Y_1、Y_2 和 Y_3，$\overline{B}(Y_1)$、$\overline{B}(Y_2)$ 和 $\overline{B}(Y_3)$ 分别为 3 个决策等价类 Y_1、Y_2 和 Y_3 相对于 B 的上近似，则决策等价类 Y_1 与 Y_2 的公共边界为 $\overline{B}(Y_1) \cap \overline{B}(Y_2) - \overline{B}(Y_3)$，$Y_1$、$Y_2$ 与 Y_3 的公共边界为 $\overline{B}(Y_1) \cap \overline{B}(Y_2) \cap \overline{B}(Y_3)$。通过定义泛化决策，不一致的决策表能够被转化为泛化决策意义下的一致决策表。

针对上述每一个对象子集 K，LEM2 算法能够通过定义启发式条件从中提取泛化决策意义下的决策规则，与式(2-11)所给出的规则唯一不同的是，LEM2 算法所提取规则的决策部分为泛化决策。一般地，假设 K 为某一泛化决策对应的对象子集，其泛化决策为 $\delta_B(K) = \{v_1, v_2, v_3\}$，若 $DES(X, B)$，$X \subseteq K$ 为规则的前件，则在泛化决策意义下，决策规则具有如下形式：

$$DES(X,B) \Rightarrow (d = v_1) \text{或} (d = v_2) \text{或} (d = v_3) \quad (2\text{-}17)$$

显然，式(2-17)所给出的泛化决策意义下的决策规则为可能性规则，它能够很方便地转化为式(2-11)描述的三条决策规则：

$$\begin{cases} DES(X,B) \Rightarrow (d = v_1) \\ DES(X,B) \Rightarrow (d = v_2) \\ DES(X,B) \Rightarrow (d = v_3) \end{cases} \quad (2\text{-}18)$$

对于式(2-17)，设 ϕ 为规则的基本前件，Φ 为规则的前件，$\Phi = \phi_1 \wedge \phi_2 \wedge \cdots \wedge \phi_m$ 为 m 个规则基本前件的连接，$[\Phi]$ 为 Φ 所覆盖的对象子集，即满足 Φ 中全部规则基本前件的对象的集合，$[\Phi]_K^+ = [\Phi] \cap K$ 为 Φ 对 K 的正覆盖，$[\Phi]_K^- = [\Phi] \cap (U - K)$ 为 Φ 对 K 的负覆盖。如果 $[\Phi]_K^- = \varnothing$，并且 Φ 中的任一规则基本前件都不能去除（否则不满足 $[\Phi]_K^- = \varnothing$），则称决策规则是判别的。如果 R 为从 K 中提取的规则集，R 中的每一条规则 r 都是判别的，$\bigcup_{r \in R}[r] = K$，并且 R 中的任一规则 r 都不能去除（否则不满足 $\bigcup_{r \in R}[r] = K$），其中 $[r]$ 为 r 所覆盖的对象子集，则称规则集 R 为 K 的一个最小规则集。

可以看出，一个最小规则集包含了最少数目的判别规则来覆盖所描述的对象集，其中不包含任何冗余规则。具体地，利用 LEM2 算法提取最小规则集的详细流程如算法 2-2 所示，其中，$\Phi = \phi_1 \wedge \phi_2 \wedge \cdots \wedge \phi_m$ 在算法中表示为 $\Phi = \{\phi_1, \phi_2, \cdots, \phi_m\}$。

算法 2-2　LEM2 最小规则集提取算法
输入：泛化决策对应的对象子集 K
输出：提取的最小规则集 R

```
begin
    G ← K, R ← ∅;
```

```
while G≠∅ do
begin
    Φ←∅；
    Φ_G←{φ|[φ]∩G≠∅}；
    while (Φ=∅) or (not [Φ]⊆K) do
    begin
        对于每一个φ∈Φ_G，选择使|[φ]∩G|最大的φ，若同时有多个φ满足，
        则从中选择使|[φ]|最小的φ；
        Φ←Φ∪{φ}；
        G←[φ]∩G；
        Φ_G←{φ|[φ]∩G≠∅}；
        Φ_G←Φ_G-Φ；
    end
    for 每一个φ∈Φ do
        if[Φ-{φ}]⊆K then Φ←Φ-{φ}；
    基于Φ生成规则 r；
    R←R∪{r}；
    G←K-∪_{r∈R}[r]；
end
for 每一个 r∈R do
    if∪_{s∈R-{r}}[s]=K then R←R-{r}；
end
```

2.4 基于粗糙集提取规则集的分类决策方法

基于提取的规则集，将新对象与规则的前件进行匹配，利用规则的后件能够对新对象进行分类。在分类过程中，可能出现如下三种情况。

(1) 新对象仅匹配一条规则。
(2) 新对象匹配多条规则。
(3) 新对象不匹配任何规则。

对于情况(1)，利用匹配的规则能够很容易地将对象分类。对于情况(2)，如果所有匹配规则的决策相同，也能够容易地将对象分类；而如果决策不同，对象将无法被简单地分类，必须通过设计决策算法对不同的决策结果进行综合分析，才能给出最终的决策[28,163]。对于情况(3)，可以放松对规则匹配的要求，通过部

分匹配规则并利用与情况(1)和(2)相似的方法进行分类决策。

可以看出,当进行分类决策时,核心问题是如何对情况(2)进行处理。对于情况(2),一种简单而流行的处理方法是基于规则支持度对每一条匹配规则给出的分类决策结果进行多数投票,得票数最多的决策结果作为最终的分类决策结果[28]。

假设对象与 n 条规则 $r_1, r_2, \cdots, r_n$ 相匹配,输出 m 个决策 $d_1, d_2, \cdots, d_m$,则基于规则支持度,匹配规则对决策 d_i 的投票为

$$\text{Vote}(d_i) = \sum_{r_j \to d_i} \mu_{\sup}(r_j) \tag{2-19}$$

式中,$r_j \to d_i$ 代表规则 r_j 给出的分类决策为 d_i。

基于式(2-19)给出每一决策的投票数,从中选择具有最大投票数的决策,能够将对象进行分类。

2.5 本章小结

本章首先介绍了粗糙集理论的基本概念,然后介绍了基于粗糙集理论的属性约简方法、决策规则提取方法以及分类决策方法,使读者能够全面认识粗糙集基本理论以及基于粗糙集的分类决策方法,为后续面向故障诊断应用的粗糙集方法的理解奠定基础。

第3章 机器学习泛化性能控制理论及方法

3.1 机器学习问题的一般表示

假设 $U=\{x_1,x_2,\cdots,x_n\}$ 为所研究问题目前已观测到的数据样本集合,其中 x_i 为 m 维向量,每一维代表数据样本的一个描述属性值,也称输入属性值;$V=\{v_1,v_2,\cdots,v_n\}$ 为这些数据样本的输出值,在分类问题中代表数据样本所属的类别,在回归问题中代表数据样本的回归函数值。学习问题的一般性描述为:在这些已观测数据样本的输入属性值及其相应输出值的基础上,通过从给定的函数集中寻找一个函数 $v=f(x)$,建立所研究问题输入属性值与输出值之间的依赖关系,从而对于新数据样本,能够根据其输入属性值估计输出值。当输出值只取 0 和 1 两种值,且 $f(x)$ 为指示函数时,即只有 0 和 1 两种输出取值的函数,上述学习问题被称为模式分类问题,此时输出值代表数据样本所属的类别;当输出值为实数值,且 $f(x)$ 为实函数时,上述学习问题称为回归估计问题。

为了找到一个能够最好地逼近数据样本的真实输出值的函数 $f(x)$,需要定义函数 $f(x)$ 在逼近真实输出值时的期望风险泛函:

$$L(f)=\int Q[v,f(x)]\,\mathrm{d}p(x,v) \tag{3-1}$$

式中,v 代表数据样本的真实输出值;$f(x)$ 代表函数的计算输出值;$Q[v,f(x)]$ 代表利用函数 $f(x)$ 逼近 v 的损失;$p(x,v)$ 代表 x 和 v 的联合概率分布函数。

机器学习的目标就是在联合概率分布函数 $p(x,v)$ 未知、所有可用的信息都包含在目前已观测到的数据样本中的情况下,通过寻找函数 $f(x)$ 来最小化期望风险泛函 $L(f)$。

3.2 机器学习的经验风险最小化

为了能够在未知的联合概率分布函数 $p(x,v)$ 下最小化期望风险泛函 $L(f)$,可以将式(3-1)的期望风险泛函 $L(f)$ 替换为经验风险泛函:

$$L_{\mathrm{emp}}(f)=\frac{1}{n}\sum_{i=1}^{n}Q[v_i,f(x_i)] \tag{3-2}$$

式(3-2)给出的这一原则称为 ERM 原则。

在机器学习理论中，ERM 原则扮演着十分重要的角色，它是非常一般性的，解决许多具体学习问题的传统方法都采用了 ERM 原则，举例来说，当将式(3-2)中 $Q[v_i, f(x_i)]$ 具体化为 $Q[v_i, f(x_i)] = [v_i - f(x_i)]^2$ 时，我们就得到了在回归估计问题中被广泛采用的最小二乘法。

然而，由于基于 ERM 原则的学习方法是建立在有限数量已观测数据样本的基础上的，所以，它学习到的函数 $f(x)$ 只能保证在目前的这些已观测数据样本上最小化 $L_{emp}(f)$，而我们关心的问题是找到一个函数 $f(x)$ 使得在新数据样本上最小化 $L(f)$，这就要求我们必须知道基于 ERM 原则的学习方法在什么情况下能够取得小的期望风险 $L(f)$，即该学习方法具有好的泛化性能，而什么情况下不能。

假设给定函数集 F 中的一个函数序列 $f_l, l = 1, 2, \cdots$，如果对于这个序列来说期望风险和经验风险都收敛到最小可能的风险值，即

$$L(f_l) \xrightarrow[l \to \infty]{} \inf_{f \in F} L(f) \tag{3-3}$$

$$L_{emp}(f_l) \xrightarrow[l \to \infty]{} \inf_{f \in F} L(f) \tag{3-4}$$

则我们说 ERM 原则是一致的。

式(3-3)保证了所达到的风险收敛于最好的可能值，而式(3-4)保证了可以在经验风险的基础上估计最小可能的风险。

设函数集 F 中的函数 f_l 满足 $A \leq L(f_l) \leq B$，那么 ERM 原则的一致性等价于

$$\lim_{l \to \infty} p \left\{ \sup_{f_l \in F} \left[L(f_l) - L_{emp}(f_l) \right] > \varepsilon \right\} = 0, \quad \forall \varepsilon > 0 \tag{3-5}$$

这一定理称为机器学习理论的关键定理[200]。从概念的角度看，这个定理是非常重要的，因为它指出了 ERM 原则一致性的条件是充要地取决于函数集中"最坏"的函数。

接下来，对于机器学习方法泛化能力的研究就转化为对 ERM 原则一致性的条件研究。

3.3 机器学习方法的泛化性能控制理论

3.3.1 机器学习方法的复杂度

设 F 为给定的指示函数集，考虑数据样本 $U = \{x_1, x_2, \cdots, x_n\}$，定义一个量 $N^F(x_1, x_2, \cdots, x_n)$，它代表用指示函数集 F 中的函数能够将给定的数据样本分成多少种不同的分类，显然，$N^F(x_1, x_2, \cdots, x_n)$ 表征了指示函数集 F 在给定数据样本集上的多样性。

基于 $N^F(x_1,x_2,\cdots,x_n)$，定义指示函数集 F 的随机 VC 熵为

$$H^F(x_1,x_2,\cdots,x_n) = \ln N^F(x_1,x_2,\cdots,x_n) \tag{3-6}$$

因为随机 VC 熵建立在独立同分布的随机给定数据样本集之上，所以它是一个随机数。考虑随机 VC 熵在联合分布函数 $p(x_1,x_2,\cdots,x_n)$ 上的期望，定义指示函数集 F 在数量为 n 的数据样本集上的 VC 熵为随机 VC 熵的数学期望，即

$$H^F(n) = E[\ln N^F(x_1,x_2,\cdots,x_n)] \tag{3-7}$$

VC 熵依赖于指示函数集 F、概率测度以及观测数目 n，反映了给定指示函数集 F 在数量为 n 的数据样本集上期望的多样性。

对于实函数集的 VC 熵可以通过引入最小 ε-网格[200]，对指示函数集的 VC 熵进行扩展得到。令 $N^F(\varepsilon;x_1,x_2,\cdots,x_n)$ 是实函数集 F 的最小 ε-网格的元素数目，则实函数集 F 的随机 VC 熵为

$$H^F(\varepsilon;x_1,x_2,\cdots,x_n) = \ln N^F(\varepsilon;x_1,x_2,\cdots,x_n) \tag{3-8}$$

实函数集 F 在数量为 n 的数据样本集上的 VC 熵为

$$H^F(\varepsilon;n) = E[\ln N^F(\varepsilon;x_1,x_2,\cdots,x_n)] \tag{3-9}$$

由于对于指示函数集，$\varepsilon<1$ 的最小 ε-网格不依赖于 ε，所以，对于 $\varepsilon<1$，有如下等式成立：

$$N^F(\varepsilon;x_1,x_2,\cdots,x_n) = N^F(x_1,x_2,\cdots,x_n) \tag{3-10}$$

$$H^F(\varepsilon;x_1,x_2,\cdots,x_n) = H^F(x_1,x_2,\cdots,x_n) \tag{3-11}$$

$$H^F(\varepsilon;n) = H^F(n) \tag{3-12}$$

基于函数集的 VC 熵，得到 ERM 原则一致性的一个充分条件为[200]

$$\lim_{n\to\infty}\frac{H^F(n)}{n} = 0 \tag{3-13}$$

3.3.2 机器学习方法泛化能力的界

式(3-13)对所得到的风险泛函 $L(f)$ 收敛到最小可能风险 $\inf_{f\in F} L(f)$ 的速度没有给出任何描述，因此，有可能构造出一些例子，即 ERM 原则是一致的，但风险

收敛的渐近速度却非常慢。我们说风险收敛的渐近速度快，是指式(3-14)所示的指数界成立：

$$p\{L(f) - \inf_{f \in F} L(f) > \varepsilon\} < e^{-nc\varepsilon^2}, \quad \forall \varepsilon > 0 \tag{3-14}$$

式中，$c > 0$ 代表某个常数。

为了研究 ERM 原则风险收敛的渐近速度，定义退火的 VC 熵 $H_{\text{ann}}^F(n)$ 和生长函数 $G^F(n)$ 为

$$H_{\text{ann}}^F(n) = \ln E[N^F(x_1, x_2, \cdots, x_n)] \tag{3-15}$$

$$G^F(n) = \ln \sup_{x_1, x_2, \cdots, x_n} [N^F(x_1, x_2, \cdots, x_n)] \tag{3-16}$$

对于 VC 熵 $H^F(n)$、退火的 VC 熵 $H_{\text{ann}}^F(n)$ 和生长函数 $G^F(n)$，显然有如下不等式成立：

$$H^F(n) \leqslant H_{\text{ann}}^F(n) \leqslant G^F(n) \tag{3-17}$$

基于退火的 VC 熵 $H_{\text{ann}}^F(n)$，可以得到 ERM 原则一致且风险收敛速度快的一个充分条件为[200]

$$\lim_{n \to \infty} \frac{H_{\text{ann}}^F(n)}{n} = 0 \tag{3-18}$$

基于式(3-13)和式(3-18)，能够得到 ERM 原则一致性和风险收敛速度快的充分条件，但是这两个条件都只对给定的概率测度 $p(x_1, x_2, \cdots, x_n)$ 有效。我们的目标是建立一个学习机器，使它能够解决很多不同的问题，即对于很多不同的概率测度 $p(x_1, x_2, \cdots, x_n)$ 都有效。

基于生长函数 $G^F(n)$，能够得到 ERM 原则不依赖于概率测度一致且风险收敛速度快的一个充要条件为[200]

$$\lim_{n \to \infty} \frac{G^F(n)}{n} = 0 \tag{3-19}$$

式(3-19)是基于 ERM 原则的学习机器构造不依赖于分布的风险收敛速度界的基础，根据式(3-19)，基于 ERM 原则的学习机器能够建立泛化能力的界。

基于生长函数 $G^F(n)$，能够得到实现完全有界函数集、完全有界非负函数集和任意非负函数集的学习机器的泛化能力的界[200]。

第3章 机器学习泛化性能控制理论及方法

为了描述这些界，引入如下符号：

$$\xi = 4\frac{G^F(2n) - \ln(\eta/4)}{n} \tag{3-20}$$

对于完全有界函数集 F，即 $A \leqslant Q[v, f(x)] \leqslant B, f \in F$，$A$ 和 B 为常数，$A < B$，基于 ERM 原则的学习机器的期望风险泛函 $L(f)$ 以至少 $1-\eta$ 的概率对函数集中的所有函数有如下不等式成立：

$$L(f) \leqslant L_{\text{emp}}(f) + \frac{B-A}{2}\sqrt{\xi} \tag{3-21}$$

对于完全有界非负函数集 F，即 $0 \leqslant Q[v, f(x)] \leqslant B, f \in F$，基于 ERM 原则的学习机器的期望风险泛函 $L(f)$ 以至少 $1-\eta$ 的概率对函数集中的所有函数有如下不等式成立：

$$L(f) \leqslant L_{\text{emp}}(f) + \frac{B\xi}{2}\left[1 + \sqrt{1 + \frac{4L_{\text{emp}}(f)}{B\xi}}\right] \tag{3-22}$$

对于无界非负函数集 F，即 $0 \leqslant Q[v, f(x)], f \in F$，如果不提供关于无界函数集和概率测度的额外信息，不可能得到描述学习机器泛化能力的界，假设有一个 (λ, τ) 对，使得如下不等式成立：

$$\sup_{f \in F} \frac{\left\{\int Q^\lambda[v, f(x)]\mathrm{d}p(x)\right\}^{1/\lambda}}{\int Q[v, f(x)]\mathrm{d}p(x)} \leqslant \tau < \infty, \quad \lambda > 1 \tag{3-23}$$

则基于 ERM 原则的学习机器的期望风险泛函 $L(f)$ 以至少 $1-\eta$ 的概率对函数集中的所有函数有如下不等式成立：

$$L(f) \leqslant \frac{L_{\text{emp}}(f)}{\left[1 - a(\lambda)\tau\sqrt{\xi}\right]_+} \tag{3-24}$$

式中，$(u)_+ = \max(u, 0)$；$a(\lambda) = \sqrt[\lambda]{\frac{1}{2}\left(\frac{\lambda-1}{\lambda-2}\right)^{\lambda-1}}$。

式(3-21)、式(3-22)和式(3-24)给出了基于 ERM 原则的学习机器泛化能力的界，然而这些界是概念性的而不是构造性的，因此不能直接用来构造机器学习算法。为了使它们具有构造性，Vapnik 等在 1968 年发现了 VC 维与生长函数 $G^F(n)$ 之间的重要关系[57]，即任何生长函数或者满足等式：

$$G^F(n) = n\ln 2 \tag{3-25}$$

或者受下面的不等式约束：

$$G^F(n) \leqslant h\left[\ln\left(\frac{n}{h}+1\right)\right] \quad (3\text{-}26)$$

式中，h 代表函数集的 VC 维，是一个整数。

式(3-26)表明生长函数要么是线性的，要么以一个对数函数为上界。如果生长函数是线性的，称这个函数集的 VC 维为无穷大；如果生长函数以参数 h 的对数函数为上界，则称这个函数集的 VC 维有限且等于 h。

基于式(3-19)和式(3-26)可以得出如下结论：VC 维有限是基于 ERM 原则的学习机器不依赖于概率测度一致性的一个充分条件，且一个有限的 VC 维意味着快的收敛速度。

对于一个指示函数集，VC 维是能够被函数集中的函数以所有可能的 2^h 种方式分成两类的数据样本的最大数目 h，即能够被函数集打散的数据样本的最大数目。VC 维表征了函数集的复杂程度。

基于函数集的复杂程度度量 VC 维，能够替换式(3-20)为如下构造性的表达式：

$$\xi = 4\frac{h\left[\ln\left(\frac{2n}{h}+1\right)\right]-\ln(\eta/4)}{n} \quad (3\text{-}27)$$

当有限数目函数集中包含 N 个函数时，使用表达式：

$$\xi = 2\frac{\ln N - \ln \eta}{n} \quad (3\text{-}28)$$

式中，$\ln N$ 代表熵数，为有限数目函数集的复杂程度度量。

基于式(3-27)和式(3-28)，式(3-21)、式(3-22)和式(3-24)将成为构造性的基于 ERM 原则的学习机器泛化能力的界。当函数集中的函数数目无限而 VC 维有限时，使用式(3-27)；当函数集中的函数数目有限时，使用式(3-28)。

3.4 机器学习方法泛化性能控制的 SRM 原则

对于数目为 n 的数据样本集，若数据样本数目与学习机器 VC 维的比值 n/h 较小，如 $n/h < 20$，则认为数据样本的数目较少，称为小样本问题。为了针对小样本问题构造机器学习方法，需要利用式(3-21)、式(3-22)和式(3-24)给出的关于学习机器泛化能力的界的结论。

ERM 原则是从处理大样本问题出发的，这一原则的合理性可以通过考虑式(3-21)、式(3-22)和式(3-24)得以证明。当 n/h 较大时，ξ 就较小，因此，式(3-21)和式(3-22)小于或等于号右边的第二项以及式(3-24)小于或等于号右边分母中的第二项就变得较小，于是期望风险就接近经验风险的取值，在这种情况下，较小的经验风险值 $L_{emp}(f)$ 就能够保证期望风险的值 $L(f)$ 也较小。

然而，当 n/h 较小时，一个小的经验风险值 $L_{emp}(f)$ 并不能保证小的期望风险值 $L(f)$，因此，在这种情况下，要最小化期望风险值，必须对上述两项同时最小化。由于式(3-21)和式(3-22)小于或等于号右边的第一项以及式(3-24)小于或等于号右边的分子是经验风险值 $L_{emp}(f)$，它取决于函数集中的一个特定函数；而式(3-21)和式(3-22)小于或等于号右边的第二项以及式(3-24)小于或等于号右边分母中的第二项称为置信范围，取决于函数集的复杂程度。当函数集中函数数目无限时，置信范围取决于 VC 维，当函数集中函数数目有限时，置信范围取决于熵数，因此要对上述两项同时最小化，必须使函数集的复杂程度成为一个可控制的量。

1974 年，Vapnik 等[59]提出了 SRM 原则，旨在针对经验风险和置信范围这两项，最小化期望风险泛函 $L(f)$。

设函数集合 F 具有一定的结构，这一结构是由一系列嵌套的函数子集组成的，它们满足：

$$F_1 \subset F_2 \subset \cdots \subset F_i \subset \cdots \tag{3-29}$$

式中，结构中的元素满足下面两条性质：

(1) 每个函数子集 F_i 的 VC 维有限，且 $h_1 \leqslant h_2 \leqslant \cdots \leqslant h_i \leqslant \cdots$；

(2) 结构的任何元素 F_i 为式(3-21)、式(3-22)和式(3-24)中的完全有界、完全有界非负和无界非负函数集之一，则称这种结构为一个容许结构。

基于上述容许结构，为了最小化期望风险泛函 $L(f)$，SRM 原则首先在容许结构中选择一个合适的 F_i，然后从 F_i 中选择一个使经验风险 $L_{emp}(f)$ 最小的函数，以此使得到的函数具有最小的期望风险，显然，SRM 原则定义了经验风险和置信范围之间的一种折中。图 3-1 示意了经验风险与置信范围的关系，从图中可以看出，随着 i 的增加，F_i 的逼近能力逐渐增强，因此取得的经验风险不断降低；但此时 F_i 的复杂度随之增加，因此置信范围不断增加，当 F_i 取某一个 F^* 时，即 F^* 的复杂度 h^* 取某一个合适值时，经验风险和置信范围二者之和取得最小值，即期望风险 $L(f)$ 取得最小值，F^* 恰恰就是 SRM 原则所要寻找的结构。由此可见，SRM 原则通过选择结构能够同时考虑经验风险和置信范围，使得在某一结构中，最小化经验风险能够得到期望风险最好的界，从而能够达到控制机器学习方法泛化性能的目的。

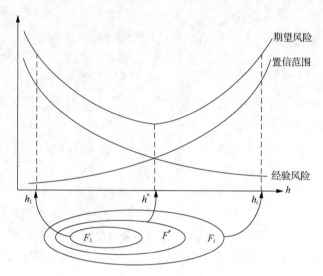

图 3-1 经验风险与置信范围的关系

3.5 本章小结

本章系统地介绍了机器学习泛化性能控制的基本理论及方法,阐述了机器学习方法的复杂度和泛化性能界的基本概念以及机器学习的 ERM 和 SRM 原则,使读者得以系统全面地理解机器学习泛化性能控制的基本原理,为后续粗糙集方法的泛化性能控制奠定了理论基础。

第4章 粗糙集方法的结构风险最小化

4.1 概　　述

从统计学习理论的角度，粗糙集方法是一个基于 ERM 的机器学习方法，也就是粗糙集方法对现有故障实例能够保证具有最小的诊断错误，但是对新故障实例不能保证仍然具有最小的诊断错误，即不能保证具有可靠的泛化性能。产生这一问题的一个很重要的原因是，实际故障诊断问题中，故障实例的征兆值及类别值中不可避免地存在噪声，粗糙集方法为了保证对现有故障实例具有最小的诊断错误，通常需要保留更多的征兆和提取更多的诊断规则，以便对这些被噪声污染的故障实例做出正确诊断，将产生"过拟合"现象[195,196]。

为了抑制噪声对粗糙集方法泛化性能的影响，许多学者提出了基于阈值的噪声抑制算法，例如，Liu 等[197,198]在属性约简过程中通过引入阈值提前停止属性约简，Stefanowski[161]和 Chen 等[199]在规则提取过程中仅提取支持度大于给定阈值的规则，Ziarko[168]通过设置阈值放松对经典粗糙集模型上、下近似的严格定义等。这些算法在一定程度上能够起到改进粗糙集方法泛化性能的作用，然而在实际应用中，这些算法普遍存在阈值设置困难的不足。另外，考虑到属性约简在粗糙集方法中的重要作用，许多学者针对决策表通常存在多个约简这一事实，开展了对不同属性约简的选择研究，目的是通过求取一个最好的属性约简来使粗糙集方法获得最好的泛化性能，如 Wang 等[132]和 Wroblewski[133]提出了基于粒子群和遗传算法等进化算法的最小属性约简求取算法、Min 等[134]提出了基于最小值域空间的属性约简算法等，这些算法在某些应用中能够改进粗糙集方法的泛化性能，但是在某些情况下其效果并不理想。

对机器学习方法泛化性能的研究一直是机器学习领域研究的一个热点问题，Vapnik 等[59]提出的 SRM 原则目前被公认为是控制机器学习方法泛化性能的有效工具，其核心思想是在最小化学习过程经验风险的同时控制机器学习方法的复杂性。为了在故障诊断中控制粗糙集方法的泛化性能，本章将 SRM 原则引入粗糙集方法中，通过评价和度量粗糙集方法的复杂性，研究了粗糙集方法的结构风险控制方法，并设计了相应的 SRM 算法。为了对提出的 SRM 算法进行评价，首先针对汽轮机振动故障诊断开展了实验，研究了 SRM 算法对汽轮机振动故障诊断的影响；然后，利用机器学习领域中广泛使用的算法评价数据集——UCI，更加深入系统地分析和比较了粗糙集方法的各种复杂性度量指标以及各种 SRM 算法，通过实验验证了所提出方法的有效性。

4.2 粗糙集方法的结构风险控制

4.2.1 属性约简

在机器学习过程中，机器学习方法的复杂度是由其搜索函数集的复杂程度决定的。粗糙集方法搜索的函数集是一个包含有限数目函数的集合，对信息系统中属性的选取决定了函数集的复杂程度。假设一个信息系统包含 10 个条件属性和 1 个决策属性，每个条件属性具有 3 个属性取值，决策属性具有 4 个属性取值，则对于该信息系统，粗糙集方法搜索的函数集中最大可能包含的函数数目为 $N = 4^{(3^{10})}$，该函数集的复杂程度度量熵数 $\ln N = 3^{10} \ln 4$。

属性约简是在保持原始信息系统分类能力不变的情况下，删除其中冗余或不重要的属性。对上述信息系统，如果属性约简后得到的条件属性数目为 5 个，则粗糙集方法搜索的函数集中最大可能包含的函数数目变为 $N = 4^{(3^5)}$，因此，该函数集的熵数变为 $\ln N = 3^5 \ln 4$。

可以看出，属性约简降低了粗糙集方法所搜索函数集的复杂程度，并且属性约简的过程自然地定义了粗糙集方法的一个容许结构，随着属性的依次删除，粗糙集方法所搜索函数集的复杂程度依次单调降低。由于在属性约简过程中，信息系统的分类能力保持不变，所以，根据 SRM 原则，属性约简能够达到控制粗糙集方法结构风险的目的，能够获得更小的期望风险。

粗糙集方法在属性约简过程中表现出的 SRM 原则能够通过图 4-1 来表示，其中 h 代表粗糙集方法所搜索函数集的复杂程度度量熵数 $\ln N$。从图 4-1 可以看出，属性约简过程可以分为两个阶段：第一阶段为信息系统中冗余属性的删除，在这个阶段中，由于冗余属性的删除不影响原始信息系统的分类能力，经验风险保持不变，而粗糙集方法所搜索函数集的复杂程度不断降低，所以粗糙集方法的期望风险不断降低，这一阶段的属性约简过程是 2.1 节描述的经典意义下的属性约简；第二阶段为信息系统中重要程度较低的属性的删除，尽管此时经验风险将增加，但粗糙集方法所搜索函数集的复杂程度进一步降低，当属性的删除使得粗糙集方法所搜索函数集的复杂程度达到某一合适值 h^* 时，经验风险与置信范围的和取得最小值，此时，粗糙集方法取得最小的期望风险，这一策略的一个例子是 Liu 等[197,198]使用的通过引入阈值而删除重要程度低于给定阈值的属性约简算法。

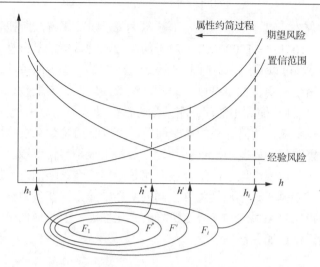

图 4-1 属性约简过程中体现的 SRM 原则

4.2.2 最小属性约简

从上述分析可以看出，粗糙集方法的属性约简过程自然地执行了 SRM 原则。然而，众所周知，信息系统通常有多个属性约简，因此，一个很自然的疑问是，在这些属性约简中，哪一个是最好的约简？即能够使粗糙集方法获得最好的泛化性能。

目前，对于属性约简的选择问题已经开展了大量的研究，其中很多学者将具有最少属性数目的最小约简作为最好的约简，并且提出了许多最小约简的求取算法。其中一类算法是基于差别矩阵的算法[117-119]，这类算法通过求取信息系统的全部约简来得到最小约简，因此能够得到真正意义下的最小约简；另一类算法是基于粒子群、遗传算法等进化策略的算法[132,133]，此类算法只能够求取次优意义下的最小约简。

通常情况下，不同的属性约简具有不同的属性数目，从 4.2.1 节的例子可以看出，对于条件属性数目少的约简，粗糙集方法所搜索函数集的复杂程度更低，因此，按照 SRM 原则，在相同经验风险的情况下，通过最小约简的求取能够得到更小的期望风险，从而说明最小约简的求取符合 SRM 原则。

4.2.3 基于最小属性值域空间的属性约简

按照 SRM 原则，尽管最小属性约简有其合理性，但是这一方法存在的一个明显问题是，它没有考虑条件属性可能存在的取值数目差异。假设对于 4.2.1 节给出的例子，10 个条件属性中前 4 个的取值数目均为 10，后 6 个的取值数目均为 3，并且对于该信息系统，恰好得到 2 个约简，约简 1 为前 4 个条件属性，而约简 2

为后 6 个条件属性。基于这一假设，对于约简 1，粗糙集方法所搜索函数集的复杂程度为 $\ln N = 10^4 \ln 4 = 10000 \ln 4$，对于约简 2，函数集的复杂性程度为 $\ln N = 3^6 \ln 4 = 729 \ln 4$。可以看出，约简 1 虽然比约简 2 具有更少的条件属性数目，但是约简 1 比约简 2 有更大的复杂度。因此，在条件属性的取值数目存在明显差异的情况下，最小属性约简并不能保证粗糙集方法所搜索的函数集具有低的复杂度。

为了克服最小属性约简存在的这一问题，可以利用熵数来直接度量粗糙集方法所搜索函数集的复杂程度。Min 等[134]提出的基于最小属性值域空间的属性约简方法，即最小化条件属性取值的组合数，就是采用这一策略的一个例子。通过实验，Min 等[134]发现基于最小属性值域空间的属性约简方法在多数情况下能够帮助粗糙集方法获得比最小属性约简方法更好的泛化性能，但是他们也发现该方法在某些情况下的泛化性能并不理想。

4.2.4 基于最小导出规则数的属性约简

回顾 2.2 节描述的基于粗糙集理论的学习和分类过程可以看出，粗糙集方法首先进行属性约简，然后在约简属性集的基础上提取诊断规则，最后利用提取的规则进行分类决策，由此可以得出结论：与粗糙集方法的分类决策直接相关的是在约简属性集上提取的诊断规则。因此，前面描述的直接根据属性约简确定的粗糙集方法的复杂度只是最大可能复杂度，粗糙集方法的实际复杂度可能会远远小于这一最大可能复杂度。以表 2-1 给出的汽轮机振动故障诊断决策表为例，根据 2.1 节决策表相对约简的定义，由于 $POS_{\{a_2,a_3\}}(d) = POS_{\{a_1,a_2,a_3\}}(d) = 8$，因此 $\{a_2, a_3\}$ 是原决策表的一个约简。由于 a_2、a_3 以及 d 均具有 3 个属性取值，则由属性约简确定的粗糙集方法的最大可能复杂度为 $\ln N = (3 \times 3) \ln 3$。由于对于该决策表，不管属性 a_3 取何值，根据属性 $a_2 =$ "高" 能够确定故障的分类为 "不平衡"，此时属性 a_3 对于生成规则而言实际是冗余的，因此，对于仅考虑 $a_2 =$ "高" 这一属性取值的情况下，粗糙集方法实际搜索的函数数目将减少为 $3^{(2 \times 3 + 1)}$，粗糙集方法的实际复杂度为 $\ln N = (2 \times 3 + 1) \ln 3$，显然，考虑实际规则提取时，粗糙集方法的实际复杂度可能明显低于最大可能的复杂度。

由 2.2 节描述的规则提取可知，最小规则集用最少数目的判别规则来覆盖所描述的对象集，其中不包含任何冗余规则，因此，在约简属性集基础上，提取的最小规则集中规则的数目能够用来对粗糙集方法的实际复杂程度进行度量。假设对于表 2-1 给出的汽轮机振动故障诊断决策表，在约简属性集基础上提取的最小规则集中规则的数目为 N_R，则粗糙集方法的复杂度为 $\ln N = N_R \ln 3$。

基于 N_R，我们能够定义属性约简过程的一个容许结构：

$$F_1 \subset F_2 \subset \cdots \subset F_i \subset \cdots \tag{4-1}$$

式中，每一个结构 F_i 代表一个条件属性子集，使式(4-2)成立：

$$N_{R1} \leqslant N_{R2} \leqslant \cdots \leqslant N_{Ri} \leqslant \cdots \tag{4-2}$$

式中，N_{Ri} 代表条件属性子集 F_i 上提取的最小规则集中规则的数目。

按照 SRM 原则，为了最小化粗糙集方法的结构风险，我们的目标就是在式(4-1)给出的结构中找到一个合适的条件属性子集，使得在这个条件属性子集上，粗糙集方法具有合适的经验风险值，且所提取的最小规则集具有合适的规则数目，从而使得粗糙集方法具有最小的期望风险，即具有最好的泛化性能，而此时所求得的这个条件属性子集为信息系统的最好约简。

4.3 粗糙集方法的 SRM 算法

4.3.1 基于遗传多目标优化的 SRM 算法

根据 SRM 原则，为了最小化粗糙集方法的结构风险，需要同时最小化经验风险和置信范围，然而这两个项是相互矛盾的，因此，这是一个多目标优化问题。

在多目标优化问题中，需要考虑的优化目标不是单一的，并且各目标之间是相互矛盾的，因此，不存在唯一的全局最优解，即所有目标都达到绝对最优解，而是存在多个最优解的集合，集合中的元素就全体目标而言是不可比较的，一般称为 Pareto 最优解集[256, 257]。Pareto 最优解在保证其他目标不劣化的情况下，其中的某一个或几个目标不可能进一步被优化，因此也称非劣最优解集。对于实际的多目标优化问题，当得到 Pareto 最优解集后，通常由决策者根据实际需求选定其中某一个满意解作为问题的最后解。

设 $X = (x_1, x_2, \cdots, x_m)$ 和 $Y = (y_1, y_2, \cdots, y_m)$ 为 m 个待优化目标所组成的目标向量，如果 X 与 Y 之间满足如下关系：

(1) $\forall i \in 1, 2, \cdots, m, x_i \leqslant y_i$。

(2) $\exists i \in 1, 2, \cdots, m, x_i < y_i$。

称 X 支配 Y，用 $X \prec Y$ 表示。

Pareto 最优解集被定义为不被其他目标向量支配的所有目标向量组成的集合，其形式化的定义为 $\{X = (x_1, x_2, \cdots, x_m) | \neg (\exists Y = (y_1, y_2, \cdots, y_m)), Y \prec X\}$。

支配排序法[258]能够用来求取 Pareto 最优解集，该方法首先对目标向量进行 Pareto 评分；然后，基于目标向量的 Pareto 评分，得到目标向量的支配排序；最后，根据目标向量的支配排序，得到 Pareto 最优解集。图 4-2 给出了利用支配排序法求取 Pareto 最优解集的例子，图中坐标轴 x_1 和 x_2 分别代表两个待优化目标，数字代表目标向量的支配排序值，排序值越小，所得到的解越优，排序值 0 是最高排序,不被任何目标向量支配。

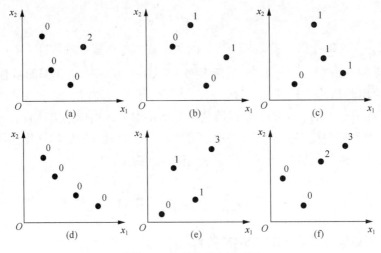

图 4-2 支配排序方法示例

遗传算法是一种有效的解决最优化问题的方法,它最先是由 Holland 于 1975 年提出的,此后,它逐渐发展成为一种通过模拟自然进化过程解决最优化问题的计算模型,并被应用到越来越广泛的领域,如机器学习、模式识别、图像处理、神经网络、工业优化控制和社会科学等方面,取得了很大的成功[259-261]。

利用遗传算法解决最优化问题的一般步骤为:首先,对可行解域中的候选解进行编码(一般采用二进制编码),并随机挑选一些编码作为进化起点的第一代编码组,同时计算每个编码的目标函数值,即编码的适应度;其次,就像自然界中的自然进化过程一样,利用选择机制从编码组中随机挑选编码作为繁殖过程前的编码样本,其中选择机制应保证适应度较高的候选解能够保留较多的样本,而适应度较低的候选解保留较少的样本,甚至被淘汰;然后,在繁殖过程中,遗传算法提供了交叉和变异两种算子对挑选后的样本进行交换,其中交叉算子交换随机挑选的两个编码的某些位,变异算子则直接对一个编码中的随机挑选的某一位进行反转,这样通过选择和繁殖就产生了下一代编码组;最后,重复上述选择和繁殖过程,直到结束条件得到满足,进化过程最后一代中的最优解就是利用遗传算法解决最优化问题所得到的最终结果。

通过对给定决策表的任一条件属性子集进行编码,并将粗糙集方法在该条件属性子集基础上对应的经验风险和置信范围分别作为两个待优化目标,计算这两个目标所组成向量的支配排序值,以此作为该条件属性子集的适应度,基于遗传算法,我们能够求得这一多目标优化问题的 Pareto 最优解集,从而能够选择其中一个 Pareto 最优解来最小化粗糙集方法的结构风险。在遗传算法中,由于选择和

第4章 粗糙集方法的结构风险最小化

繁殖过程是遗传算法的标准操作，所以基于遗传算法设计粗糙集方法的 SRM 算法时，只需要完成遗传编码和适应度函数设计。

在遗传编码过程中，将给定决策表的条件属性子集作为候选解，并对其进行二进制编码，其中编码的长度为该决策表中全部条件属性的数目，编码的规则为：对于一个条件属性子集，当决策表中第 i 个条件属性包含在该子集中时，该条件属性子集编码的第 i 位为 1，否则为 0。

基于上述编码，我们能设计遗传算法的适应度函数如算法 4-1 所示。在算法 4-1 中，在条件属性子集 $B \subseteq C$ 上粗糙集方法对应的经验风险定义为 $1-\gamma_B(D)$，其中 $\gamma_B(D)$ 为分类 U/D 的 B 近似质量，因此经验风险 $1-\gamma_B(D)$ 代表在条件属性子集 B 基础上粗糙集方法不能准确地将对象进行分类的比例；而此时粗糙集方法的置信范围利用粗糙集方法的复杂度来代替，考虑到复杂度指标中与决策属性取值数相关的 ln 项对于给定决策表而言是常数，因此，算法中的复杂度指标对于基于最小约简的 SRM 算法取条件属性子集中所有条件属性的数目，对于基于最小值域空间的 SRM 算法取条件属性子集中所有条件属性的取值组合数目，对于基于最小导出规则数的 SRM 算法取在条件属性子集基础上提取的最小规则集中规则的数目。

算法 4-1 粗糙集方法的 SRM 算法的适应度函数
输入：一组条件属性子集编码所组成的编码组向量 POP 以及全局变量 $gL_{\text{emp}}(h)$、
  $g\text{Score}(h)$ 和 $g\text{Redu}(h)$（其中 $gL_{\text{emp}}(h)$、$g\text{Score}(h)$ 和 $g\text{Redu}(h)$ 分别代表粗
  糙集方法在复杂度 h 情况下所对应的最小经验风险、最好支配排序值及相
  应的属性约简）
输出：POP 中每一个编码 f 对应的适应度 $\text{Score}(f)$

```
begin
    for 编码组向量 POP 中每一个编码 f do
        计算在编码 f 对应的条件属性子集基础上粗糙集方法的复杂度 tmph(f) 及经验风险
        tmpL_emp(f);
    针对 tmph(f) 中的每一复杂度 h, 求取编码组 POP 中具有该复杂度的编码对应的经验风
    险的最小值, 记为 minL_emp(h), 并将获得 minL_emp(h) 的编码所对应的条件属性子集记为
    minRedu(h);
    for 每一个 h do
    begin
        if gL_emp(h) 未被赋值 or minL_emp(h) < gL_emp(h) then
        begin
            gL_emp(h) ← minL_emp(h);
```

```
        gRedu(h) ← minRedu(h);
      end
    end
    for 编码组向量 POP 中每一个编码 f do
    begin
        Score(f) ← tmph(f);
    对于每一个 h<tmph(f)，统计 gL_emp(h) > tmpL_emp(f) 的个数，记为 min；
    Score(f) ← Score(f)-num；
    if gScore(tmph(f)) 未赋值 or Score(f)< gScore(tmph(f)) then
        gScore(tmph(f)) ← Score(f);
    end
end
```

从算法 4-1 可以看出，算法主要包含两个步骤：第一步为计算给定条件属性子集编码组中每一条件属性子集编码对应的复杂度和经验风险，针对每一复杂度，通过统计得到其对应的最小经验风险，最后通过与历史计算结果比较，对给定决策表在每一复杂度情况下所能得到的最小经验风险进行更新；第二步为利用支配排序方法，对给定条件属性子集编码组中每一条件属性子集编码，依据其对应的复杂度及经验风险，计算支配排序值，得到每一编码的适应度，以便能够利用遗传算法对此两目标优化问题进行进化计算。显然，基于算法 4-1 的适应度函数，利用遗传算法最终能够得到给定决策表每一复杂度情况下的最小经验风险、支配排序值及相应的属性约简，其中具有最小支配排序值的解的集合，即 Pareto 最优解集，从而我们能够选择其中一个 Pareto 最优解来最小化粗糙集方法的结构风险。

4.3.2 启发式 SRM 算法

对于多目标优化问题，除了求取 Pareto 最优解集，另一种处理方法是对各目标进行加权平均，从而得到一个加权意义下的综合目标，然后利用综合目标将多目标优化问题转化为单目标优化问题。

设 $X=(x_1,x_2,\cdots,x_m)$ 为 m 个待优化目标所组成的目标向量，$W=(w_1,w_2,\cdots,w_m)$ 为目标向量 X 的加权向量，则在加权意义下的综合目标能被定义为

$$O(X,W)=\sum_{i=1}^{m}w_i x_i \tag{4-3}$$

基于式(4-3)，接下来定义用于粗糙集方法的 SRM 综合目标函数。

第4章 粗糙集方法的结构风险最小化

对于式(3-22)给出的机器学习方法期望风险的界，当函数集的复杂度较小时，小于或等于号右边第二项较小，因此可以忽略，从而小的经验风险能够保证小的期望风险；当函数集的复杂度较大时，小于或等于号右边第二项近似等于 $B\xi$，由于粗糙集方法所实现函数集中的函数数目有限，所以式(3-22)小于或等于号右边第二项近似等于 $2B\dfrac{\ln N}{n} - 2B\ln\eta$，忽略常数项 $-2B\ln\eta$，并将 $2B\dfrac{\ln N}{n}$ 中的 $2B$ 替换为可控的权系数 w，从而得到最小化期望风险就等价于最小化式(4-4)：

$$L_{\text{stru}}(f) = L_{\text{emp}}(f) + w\dfrac{\ln N}{n} \tag{4-4}$$

式中，$L_{\text{emp}}(f)$ 代表经验风险；$\dfrac{\ln N}{n}$ 为函数集复杂度与样本数量之比，代表函数集相对于给定数据样本规模的复杂程度；w 代表可控的权系数，用于调整经验风险和复杂度的比例。

式(4-4)成立的条件是要求函数集的复杂度必须较大，而此时恰好是需要考虑函数集复杂度对期望风险影响的时候，因此，能够将式(4-4)作为粗糙集方法的 SRM 综合目标函数。

对于给定的决策表，为了最小化粗糙集方法的结构风险，需要找到一个条件属性子集，使得在该条件属性子集上，粗糙集方法具有最小的结构风险，因此，可以利用式(4-4)来定义属性重要度，设计启发式属性约简算法。

对于给定的决策表 $\text{IS} = <U, A = C \cup D, V, f>$，设 $B \subseteq C$，$a \in C - B$，定义在条件属性子集 B 基础上粗糙集方法对应的经验风险为 $1 - \gamma_B(D)$，所搜索函数集的复杂度为 $h(B)$，则基于式(4-4)，a 在当前条件属性集 B 基础上相对于决策属性 D 的重要度定义为

$$\text{SIG}_{\text{stru}}(a, B, D) = \left[\gamma_{B \cup \{a\}}(D) - \gamma_B(D)\right] - w\left[\dfrac{h(B \cup \{a\}) - h(B)}{n}\right] \tag{4-5}$$

式中，等号右边第一项为式(2-15)给出的传统属性重要度评价指标，代表属性 a 对分类的贡献；等号右边第二项代表相对于给定数据样本规模属性 a 所引起的粗糙集方法复杂度的增加。

可以看出，式(4-5)在评价属性重要度时，考虑了属性所引起的粗糙集方法复杂度的增加，当属性 a 对分类的贡献被其引起的复杂度增加完全抵消时，属性 a 的重要度为 0，甚至为负。

基于式(4-5)定义的属性重要度评价指标,类似于算法 2-1 给出的属性约简算法,通过递归地选取具有最大重要度的属性,当剩余任意属性的重要度 $\mathrm{SIG}_{stru}(a,B,D) \leqslant 0$ 时算法结束,我们能够得到一个新的启发式属性约简算法,通过选择一个合适的 w,能够最小化粗糙集方法的结构风险。类似于 4.3.1 节描述的基于遗传多目标优化的 SRM 算法,考虑到复杂度指标中与决策属性取值数相关的 ln 项对于给定决策表而言是常数,因此,式(4-5)给出的属性重要度评价指标中粗糙集方法的复杂度可以采用如下简化取值:对于基于最小约简的 SRM 算法取条件属性子集中所有条件属性的数目,对于基于最小值域空间的 SRM 算法取条件属性子集中所有条件属性的取值组合数目,对于基于最小导出规则数的 SRM 算法取在条件属性子集基础上提取的最小规则集中规则的数目。

4.4 实验分析

4.4.1 实验配置

通过将机器学习领域中广泛采用的控制机器学习方法泛化性能的基本理论——SRM 原则引入粗糙集方法中,上述各节研究了粗糙集方法的结构风险控制方法,分析了最小属性约简和基于最小值域空间的属性约简在控制粗糙集方法复杂度方面的不足,提出了基于最小导出规则数的属性约简方法,并分别设计了基于遗传多目标优化的 SRM 算法和启发式的 SRM 算法。为了对提出的方法进行评价,在这部分,首先针对汽轮机振动故障诊断开展 SRM 实验,研究提出的 SRM 算法对汽轮机振动故障诊断的影响;然后,利用机器学习领域中广泛使用的算法评价数据集——UCI,进一步深入系统地分析粗糙集方法获得的各项性能指标随复杂度的变化规律、评价粗糙集方法的各种复杂性度量指标以及比较各种 SRM 算法,从而对提出方法的有效性进行验证。

表 4-1 给出了一组经过离散的汽轮机振动故障数据,表 4-2 描述了各属性所代表的实际含义,它们是通过对汽轮机振动波形数据进行快速傅里叶变换(fast Fourier transform,FFT)分析所得到的各倍频的幅值,低、中、高分别代表各倍频幅值的大小。从表 4-1 可以看出,这些数据由 40 个故障实例组成,由 8 个故障征兆和 1 个故障类别来描述,分别来自不平衡、不对中、油膜涡动、转子碰摩 4 种故障工况以及 1 个正常工况。基于这些数据,能够提取故障诊断知识,对新故障实例进行分类。

表 4-1 经过离散的汽轮机振动故障数据

故障实例	$c1$	$c2$	$c3$	$c4$	$c5$	$c6$	$c7$	$c8$	d
1	低	低	低	高	低	中	中	中	不平衡
2	中	低	中	中	中	中	中	中	不平衡
3	低	低	低	中	低	低	低	低	不平衡
4	低	低	低	中	低	低	低	低	不平衡
5	低	低	低	高	高	高	中	高	不平衡
6	低	低	低	高	高	高	中	高	不平衡
7	低	低	低	高	高	高	中	高	不平衡
8	低	低	低	高	低	中	低	低	不平衡
9	低	低	低	高	中	低	低	中	不平衡
10	低	低	低	中	中	低	低	低	不平衡
11	低	低	中	中	低	低	低	低	不平衡
12	低	低	低	中	高	低	低	中	不对中
13	低	低	低	低	中	低	低	低	不对中
14	低	低	低	中	高	低	低	低	不对中
15	低	低	低	低	中	低	低	低	不对中
16	低	低	低	低	低	低	低	低	不对中
17	低	低	低	低	中	低	低	低	不对中
18	低	低	低	低	中	低	低	低	不对中
19	低	低	低	低	低	低	低	低	不对中
20	低	低	低	低	中	低	低	低	不对中
21	低	低	低	中	高	低	低	中	不对中
22	低	中	低	低	低	低	低	低	油膜涡动
23	低	中	低	低	低	低	低	低	油膜涡动
24	低	高	低	低	低	低	低	中	油膜涡动
25	低	中	低	低	低	低	低	低	油膜涡动
26	低	中	中	低	低	低	低	低	油膜涡动
27	低	中	低	低	低	低	低	低	油膜涡动
28	低	高	中	低	低	低	低	中	油膜涡动
29	低	高	低	低	低	低	低	低	油膜涡动
30	中	高	中	低	低	低	中	低	油膜涡动
31	中	中	中	低	低	低	低	低	油膜涡动
32	中	低	高	低	低	中	高	高	转子碰摩
33	高	中	高	中	高	中	高	高	转子碰摩
34	中	中	中	中	中	高	高	高	转子碰摩
35	高	中	高	中	高	高	高	高	转子碰摩
36	中	中	高	中	高	中	中	中	转子碰摩

续表

故障实例	c_1	c_2	c_3	c_4	c_5	c_6	c_7	c_8	d
37	低	低	低	低	低	低	低	低	正常
38	低	低	低	低	低	低	低	低	正常
39	低	低	低	低	低	低	低	低	正常
40	低	低	低	低	低	低	低	低	正常

表 4-2　表 4-1 中各属性的意义

属性	意义	属性	意义
c_1	0~0.4 倍频幅值	c_6	3 倍频幅值
c_2	0.4~0.6 倍频幅值	c_7	4 倍频幅值
c_3	0.6~1 倍频幅值	c_8	大于 4 倍频幅值
c_4	1 倍频幅值	d	故障类别
c_5	2 倍频幅值		

表 4-3 给出了实验中使用的 12 个 UCI 算法评价数据集的相关描述信息,其中包含 5 个两类问题和 7 个多类问题。在选择的数据集中,8 个数据集包含数值型属性,由于粗糙集方法不能直接对这些数值型属性进行处理,所以采用 Fayyad 等[104,105]提出的递归最小熵划分方法将这些数值型属性离散为粗糙集方法能够处理的名义型属性。从表 4-3 可以看出,各数据集的条件属性数目为 13~35,各条件属性取值数目变化范围为 2~351。

表 4-3　实验数据集

序号	名称	大小	条件属性数	属性类型①		属性取值数目范围	类别数
1	hepatitis	155	19	6C	13N	2~86	2
2	iono	351	34	34C		2~281	2
3	horse	368	22	7C	15N	2~86	2
4	votes	435	16		16N	2~2	2
5	credit	690	15	6C	9N	2~351	2
6	zoo	101	16		16N	2~7	7
7	lymphography	148	18		18N	2~8	4
8	wine	178	13	13C		3~133	3
9	flags	194	28	10C	18N	2~136	8
10	autos	205	23	14C	9N	2~188	6
11	images	210	19	19C		2~201	7
12	soybean	683	35		35N	2~19	19

注:①其中 C 代表数值型属性,N 代表名义型属性。

接下来的实验将分如下 4 个部分展开：汽轮机振动故障诊断的 SRM 实验、粗糙集方法获得的各项性能指标随复杂度的变化、各种复杂性度量指标的比较以及各种 SRM 算法的比较。

4.4.2 汽轮机振动故障诊断的 SRM 实验

基于表 4-1 给出的汽轮机振动故障数据，利用 2.2 节描述的常规粗糙集方法，对故障征兆进行约简，在约简征兆集的基础上能够提取故障的诊断规则，表 4-4 给出了常规粗糙集方法在最小经验风险情况（即算法 2-1 中 $\varepsilon = 0$）下获得的故障征兆约简和规则集。从表 4-4 可以看出，常规粗糙集方法得到的故障征兆约简为 $c4 \rightarrow c2 \rightarrow c5 \rightarrow c1$，故障诊断规则为 12 条，其中 10 条为确定性规则，2 条为可能性规则。

表 4-4 常规粗糙集方法获得的规则集

序号	规则（约简为 $c4 \rightarrow c2 \rightarrow c5 \rightarrow c1$）	支持度	可信度
1	$c1$(中) $\land$ $c2$(低) $\land$ $c5$(中) $\Rightarrow$ d(不平衡)	0.025	1
2	$c1$(低) $\land$ $c4$(中) $\land$ $c5$(中) $\Rightarrow$ d(不平衡)	0.025	0.5
3	$c1$(低) $\land$ $c4$(中) $\land$ $c5$(中) $\Rightarrow$ d(不对中)	0.025	0.5
4	$c1$(中) $\land$ $c2$(低) $\land$ $c5$(低) $\Rightarrow$ d(转子碰摩)	0.025	1
5	$c4$(中) $\land$ $c5$(低) $\Rightarrow$ d(不平衡)	0.075	1
6	$c2$(低) $\land$ $c4$(中) $\land$ $c5$(高) $\Rightarrow$ d(不对中)	0.075	1
7	$c2$(高) $\Rightarrow$ d(油膜涡动)	0.1	1
8	$c2$(中) $\land$ $c4$(中) $\Rightarrow$ d(转子碰摩)	0.1	1
9	$c1$(低) $\land$ $c2$(低) $\land$ $c4$(低) $\land$ $c5$(低) $\Rightarrow$ d(正常)	0.1	1
10	$c4$(高) $\Rightarrow$ d(不平衡)	0.15	1
11	$c4$(低) $\land$ $c5$(中) $\Rightarrow$ d(不对中)	0.15	1
12	$c2$(中) $\land$ $c5$(低) $\Rightarrow$ d(油膜涡动)	0.15	1

为了最小化粗糙集方法的结构风险，基于 4.3.1 节描述的基于遗传多目标优化的 SRM 算法，将在约简故障征兆集基础上提取的最小规则集中规则的数目作为粗糙集方法的复杂性度量，能够得到基于 SRM 的粗糙集方法获得的规则集如表 4-5 所示。从表 4-5 可以看出，基于 SRM 的粗糙集方法得到的故障征兆约简为 $c2$、$c3$、$c4$、$c5$，故障诊断规则为 11 条，其中 9 条为确定性规则，2 条为可能性规则。

表 4-5 基于 SRM 的粗糙集方法获得的规则集

序号	规则(约简 $c2$、$c3$、$c4$、$c5$)	支持度	可信度
1	$c3$(中) $\wedge$ $c5$(中) $\Rightarrow$ d(不平衡)	0.025	1
2	$c3$(低) $\wedge$ $c4$(中) $\wedge$ $c5$(中) $\Rightarrow$ d(不平衡)	0.025	0.5
3	$c3$(低) $\wedge$ $c4$(中) $\wedge$ $c5$(中) $\Rightarrow$ d(不对中)	0.025	0.5
4	$c4$(中) $\wedge$ $c5$(低) $\Rightarrow$ d(不平衡)	0.075	1
5	$c2$(低) $\wedge$ $c4$(中) $\wedge$ $c5$(高) $\Rightarrow$ d(不对中)	0.075	1
6	$c2$(高) $\Rightarrow$ d(油膜涡动)	0.1	1
7	$c2$(低) $\wedge$ $c3$(低) $\wedge$ $c4$(低) $\wedge$ $c5$(低) $\Rightarrow$ d(正常)	0.1	1
8	$c3$(高) $\Rightarrow$ d(转子碰摩)	0.125	1
9	$c4$(高) $\Rightarrow$ d(不平衡)	0.15	1
10	$c4$(低) $\wedge$ $c5$(中) $\Rightarrow$ d(不对中)	0.15	1
11	$c2$(中) $\wedge$ $c5$(低) $\Rightarrow$ d(油膜涡动)	0.15	1

对比常规粗糙集方法和基于 SRM 的粗糙集方法获得的规则集可以看出，为了对转子碰摩故障进行诊断，常规粗糙集方法需要 2 条规则：$c1$(中) $\wedge$ $c2$(低) $\wedge$ $c5$(低) $\Rightarrow$ d(转子碰摩) 和 $c2$(中) $\wedge$ $c4$(中) $\Rightarrow$ d(转子碰摩)，规则的长度分别为 3 和 2，规则的支持度分别为 0.025 和 0.1；而基于 SRM 的粗糙集方法只需 1 条规则：$c3$(高) $\Rightarrow$ d(转子碰摩)，规则的长度和支持度分别为 1 和 0.125。显然，这两种方法获得的规则集在对现有故障实例进行诊断时具有相同的经验风险，然而，基于 SRM 的粗糙集方法通过最小化粗糙集方法的复杂度，即最小化提取规则的数目，通常情况下，获得的故障诊断规则具有更短的规则长度和更高的规则支持度，从而使得提取的故障诊断知识能够更好地反映故障数据中蕴含的统计特性，因此，利用这样的故障诊断知识对新故障实例进行诊断时，将会具有更好的泛化性能。

4.4.3 粗糙集方法获得的各项性能指标随复杂度的变化

按照 SRM 原则，为了提高一个机器学习方法的泛化性能，必须对其复杂程度进行控制。为了验证这一点，在这部分，将约简属性集上提取的最小规则集中规则的数目 N_r 作为粗糙集方法的复杂性度量，通过开展实验，分析其与粗糙集方法获得的各项性能指标的关系。

利用算法 4-1 给出的适应度函数，基于遗传算法，能够获得不同规则数目 N_r 情况下具有最小经验风险的约简属性子集，基于这些约简属性子集能够容易地得到粗糙集方法对应的各项性能指标，如近似质量 Qua、约简属性数目 N_a、约简

值域空间大小 N_v、规则的平均支持度 $Supp_r$ 和平均长度 Len_r，通过对给定新数据样本集进行分类，能够得到粗糙集方法在给定新数据样本集上的分类精度 Acc，即其在给定新数据样本集上的泛化性能。基于上述得到的这些性能指标，我们将能够开展接下来的实验分析。

为了消除实验结果中存在的随机性因素，我们采用十字交叉验证法来开展实验，具体做法为：首先，将给定数据集随机地等分成 10 个子集；然后，依次选择其中的 9 个子集用于学习，剩下的 1 个子集用于测试，重复这个过程 10 次直到每一个子集都已被用作测试集；最后，10 次实验所得到的平均结果将作为实验的最终结果。

图 4-3 给出了在 hepatitis、horse、lymphography 和 soybean 四个数据集上粗糙集方法获得的性能指标 Acc、Qua、N_v、N_a、$Supp_r$ 和 Len_r 随规则数 N_r 的典型变化规律。从图 4-3 可以得出如下结论。

(1) 随着规则数目 N_r 的增加，粗糙集方法实现的函数的逼近能力逐渐增强，因此，近似质量 Qua 不断增加，即经验风险 1–Qua 不断降低，当 N_r 增加到某一值时，Qua 达到最大值，经验风险 1–Qua 达到最小值，之后尽管 N_r 继续增加，粗糙集方法的逼近能力继续增强，但 Qua 不再增加；在 N_r 增加的这一过程中，随着 Qua 的不断增加，粗糙集方法对新数据样本的分类精度 Acc 随之增加，当 N_r 增加到某一数值时，Acc 达到最大值，而此时 Qua 可能尚未达到最大值，之后随着 N_r 继续增加，尽管 Qua 继续增加或保持不变，但 Acc 通常降低。这说明随着复杂度的增加，粗糙集方法的逼近能力增强，所取得的近似质量和对新数据样本的分类精度随之增加，但高的近似质量并不意味高的分类精度，最高的分类精度通常是在某一个较低的复杂度上获得的，过大的复杂度尽管不会降低近似质量但通常会降低分类精度，即出现过拟合。

(2) 约简属性数目 N_a 和约简值域空间大小 N_v 反映了粗糙集方法所实现函数集的最大可能复杂度，它们也可以作为粗糙集方法的复杂度指标。但从实验结果可以看出，规则数目 N_r 与 N_a 和 N_v 不存在明显的对应关系，当 N_r 很小时，N_a 和 N_v 也较小；但 N_r 较大时，N_a 和 N_v 可能很大也可能很小。这说明尽管 N_a 和 N_v 也是粗糙集方法的复杂性度量指标，但它们反映的是粗糙集方法所实现函数集的最大可能复杂度，虽然 N_a 和 N_v 与粗糙集方法的真实复杂度 N_r 有一定关系，但不存在明显的对应关系。

(3) 随着规则数目 N_r 的增加，规则的平均支持度 $Supp_r$ 逐渐降低，平均长度 Len_r 逐渐增加，这说明在这一过程中每条规则蕴含的知识所覆盖的故障数据样本数目逐渐减少，统计规律逐渐减弱，规则由强变弱，由通用变具体。这在某种程度上解释了当规则数目 N_r 较大时，分类精度 Acc 通常会降低的原因。

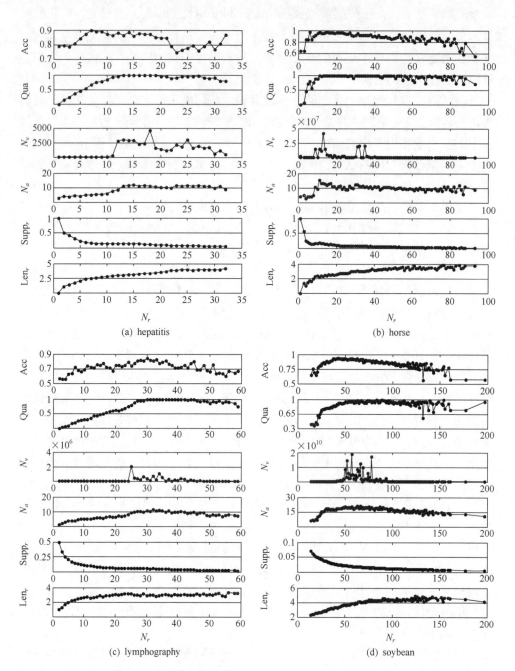

图 4-3 粗糙集方法获得的各项性能指标随规则数的变化

4.4.4 各种复杂性度量指标的比较

约简属性数目 N_a 和约简值域空间大小 N_v 反映了粗糙集方法所实现函数集的最大可能复杂度,因此也可以用来度量粗糙集方法的复杂程度。尽管 4.4.3 节的实验在一定程度上揭示了它们与规则数目 N_r 之间的关系,但是我们尚不确知这三种复杂性度量指标对粗糙集方法结构风险控制的实际效果,因此,有必要开展关于这三种复杂性度量指标的比较实验。

具体的实验思路为:首先,给定一系列经验风险的阈值,即近似质量的阈值 Qua = $\{0, 0.05, 0.1, 0.15, \cdots, 0.9, 0.95, 1\}$;然后,在不低于每个阈值的情况下最小化粗糙集方法的复杂度,得到每个近似质量阈值下具有最小复杂度的约简属性子集,为了对 N_a、N_v 和 N_r 进行比较,可以分别选择 N_a、N_v 和 N_r 作为复杂度指标;最后,基于这些约简属性子集,得到当采用不同复杂度指标控制粗糙集方法结构风险时粗糙集方法对新数据样本的分类精度 Acc,从而基于 Acc 比较三种复杂度指标的优劣。

为了满足实验要求,需要对算法 4-1 给出的适应度函数进行略微的修改。算法 4-1 求取的是每个复杂度下具有最小经验风险的约简属性子集,通过将算法中的经验风险和复杂度进行位置调换,便能够容易地获得每个近似质量阈值下具有最小复杂度的约简属性子集,通过选取不同的复杂度指标,从而能够得到要求的实验结果。

图 4-4 给出了在表 4-3 描述的 12 个 UCI 算法评价数据集上利用十字交叉验证法得到的实验结果,图中展示了在不同近似质量阈值 Qua 下,基于不同复杂性度量指标的粗糙集方法的 SRM 算法所获得对新数据样本的分类精度 Acc 以及对应的各种复杂性度量指标值 N_a、N_v 和 N_r,其中 SRM_A 代表基于 N_a 的 SRM 算法,SRM_V 代表基于 N_v 的 SRM 算法,SRM_R 代表基于 N_r 的 SRM 算法。从图 4-4 可以得出如下结论。

(1)基于 N_r 的 SRM 算法,SRM_R 在不同近似质量阈值 Qua 下所取得的分类精度 Acc 总体上略优于 SRM_A 和 SRM_V,这说明复杂性度量指标 N_r 要优于 N_a 和 N_v。另外,算法 SRM_A、SRM_V 与 SRM_R 所取得的分类精度 Acc 差别不是非常明显,并且在某些数据集上,三种方法能够获得相近的分类精度 Acc,这说明算法 SRM_A 和 SRM_V 在一定程度上也能起到控制粗糙集方法结构风险的作用。

(2)三种算法 SRM_A、SRM_V 和 SRM_R 所得到的 N_a、N_v 和 N_r 值在近似质量阈值 Qua 较小时相差不大,但当 Qua 较大时相差明显,SRM_R 能够获得最小的 N_r,但是对应的 N_a 和 N_v 通常是最大的。这说明三种复杂性度量指标尽管存在一定的关系,但是三者之间不存在明显的对应关系。

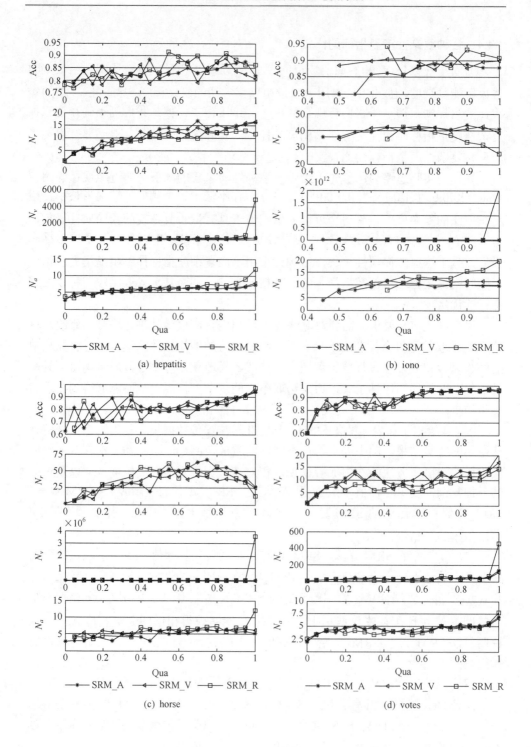

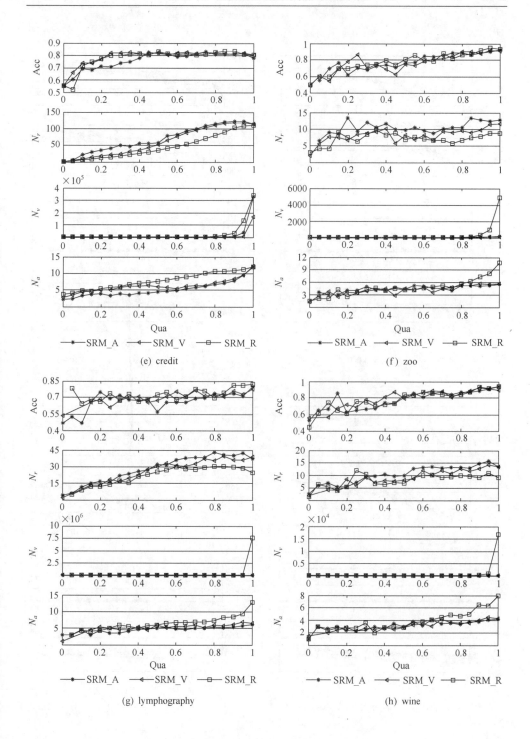

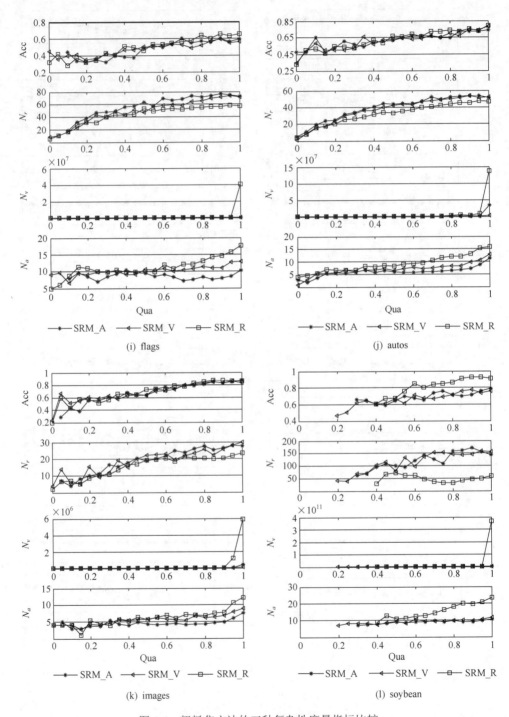

图 4-4 粗糙集方法的三种复杂性度量指标比较

(3) 随着近似质量阈值 Qua 的增加，粗糙集方法的复杂度 N_a、N_v 和 N_r 随之增加，所得到的分类精度 Acc 也随之增加，然而，它们之间并非是单调递增关系，Qua 最大并不能保证 Acc 具有最大值，Acc 还与 N_r 有明显的关系。当 Qua 增加到某一值后，N_r 基本不再增加或者不增反降时，Acc 的最大值通常在 Qua 取最大时得到，具体的例子如 horse、zoo、lymphography、wine、flags、autos；当 Qua 增加，N_r 也增加时，Acc 的最大值通常在 Qua 增加到某一值而 N_r 不是很大时得到，随着 Qua 的继续增加，Acc 或者保持不变或者降低，具体的例子如 hepatitis、votes、credit、images、soybean。这说明近似质量和复杂度共同决定了粗糙集方法对新数据样本的分类精度，即决定了粗糙集方法的泛化性能，粗糙集方法只有同时具有低的复杂度和高的近似质量时，才能确保其具有可靠的泛化性能。

4.4.5 各种 SRM 算法的比较

基于提出的复杂性度量指标 N_r，我们提出了基于遗传多目标优化的 SRM 算法和启发式的 SRM 算法。另外，对于常规的粗糙集方法，通过引入属性约简的停止阈值 ε 也能达到控制粗糙集方法结构风险、提高粗糙集方法泛化性能的目的，具体的实现算法如算法 4-1 所示，并且由于该方法具有简单有效的特点，目前已获得了较为广泛的应用[197,198]。为了验证基于 N_r 的 SRM 算法的有效性，接下来我们将开展粗糙集方法的各种 SRM 算法的比较研究。

整个比较实验由三部分组成：首先，针对算法 4-1 的停止阈值 ε 进行比较，从而选择最优的 ε 取值使常规粗糙集方法获得最好的性能；其次，对于启发式的 SRM 算法，针对式(4-5)给出的属性重要度指标中的参数 w 进行比较，选择最优的 w 取值；最后，将上述两种算法得到的最好结果与 4.4.4 节给出的基于遗传多目标优化的三种 SRM 算法获得的最好结果进行比较，从而比较各种算法的优劣。

表 4-6 给出了常规粗糙集方法在不同阈值 ε 下利用十字交叉验证法获得的分类精度，其中阈值 ε 已被折算为相应的近似质量值。从表 4-6 可以看出，在给定的 6 个近似质量阈值下，随着阈值的增加，常规粗糙集方法获得的分类精度不断增加，当近似质量阈值取 0.95 时，获得最好的分类精度平均值。另外，也能发现，当近似质量取最大值 1 时，常规粗糙集方法获得的分类精度并不理想，此时的性能只相当于近似质量取 0.75~0.8 时获得的分类精度。因此，在实际应用中，常规粗糙集方法通过指定一个略小于 1 的近似质量阈值提前停止算法，从而控制粗糙集方法的复杂度，提高粗糙集方法的泛化性能。

表 4-6 常规粗糙集方法在不同阈值 ε 下获得的分类精度

数据集	阈值 ε 对应的近似质量值					
	0.75	0.8	0.85	0.9	0.95	1
hepatitis	0.9100	0.8913	0.8721	0.8721	0.8650	0.8325
iono	0.8944	0.8973	0.8973	0.8944	0.8888	0.9058
horse	0.9673	0.9673	0.9673	0.9646	0.9700	0.9616
votes	0.9633	0.9656	0.9656	0.9725	0.9609	0.9451
credit	0.8130	0.8014	0.8101	0.8145	0.8232	0.8261
zoo	0.8609	0.8909	0.8909	0.9409	0.9509	0.9418
lymphography	0.7857	0.7857	0.7790	0.7852	0.7852	0.7848
wine	0.9386	0.9386	0.9386	0.9386	0.9333	0.9382
flags	0.5826	0.5987	0.6095	0.5937	0.5787	0.6142
autos	0.7210	0.7355	0.7495	0.7488	0.7686	0.7333
images	0.8381	0.8476	0.8476	0.8286	0.8333	0.8667
soybean	0.8842	0.8856	0.8915	0.8930	0.8945	0.8198
平均值	0.8466	0.8505	0.8516	0.8539	0.8544	0.8475

基于 N_r，通过使用式(4-5)给出的属性重要度指标，采用类似算法 2-1 的属性约简算法，递归地选取具有最大重要度的属性，当剩余任意属性的重要度 $\text{SIG}_{\text{stru}}(a,B,D) \leqslant 0$ 时，算法结束，能够得到启发式的 SRM 算法。由于式(4-5)的属性重要度指标中的参数 w 需要人为指定，因此，在实验中给定 $w = \{0.5, 1, 1.5, 2, 2.5, 3\}$，以便通过比较确定合适的 w。表 4-7 给出了启发式的 SRM 算法在不同 w 下利用十字交叉验证法获得的分类精度。从表 4-7 可以看出，当 w 取 0.5 时，取得最好的分类精度，随着 w 的增加，即随着复杂度权重的增加，分类精度降低。显然，当 $w=0$ 时，该方法退化为常规粗糙集方法，当近似质量阈值 ε 取 1，即不对粗糙集方法的复杂度进行任何控制时，通过与表 4-6 的结果对比，能够得知 w 也并非越小越好，当 w 取得一个大于 0 的相对较小值时，该方法能够获得最好的分类精度，这说明在启发式的 SRM 算法中通过引入较小的 w，适当地控制粗糙集方法的复杂度，能够明显改进粗糙集方法的泛化性能。

表 4-7 启发式 SRM 算法在不同 w 下获得的分类精度

数据集	w					
	0.5	1	1.5	2	2.5	3
hepatitis	0.8775	0.8971	0.8662	0.8529	0.8333	0.8583
iono	0.9201	0.9172	0.9258	0.9145	0.9314	0.9286
horse	0.9700	0.9700	0.9646	0.9592	0.9673	0.9673
votes	0.9679	0.9633	0.9587	0.9540	0.9586	0.9564
credit	0.8246	0.8261	0.8203	0.8217	0.8203	0.8261
zoo	0.9418	0.8618	0.8909	0.8909	0.8909	0.8909
lymphography	0.8043	0.8043	0.7581	0.6290	0.6157	0.5676
wine	0.9549	0.9549	0.9438	0.9382	0.9271	0.9382
flags	0.6389	0.6189	0.6134	0.5671	0.4645	0.3411
autos	0.7645	0.7645	0.6664	0.5619	0.3474	0.3574
images	0.8714	0.8524	0.8667	0.8667	0.8619	0.8619
soybean	0.9253	0.9238	0.9062	0.8856	0.8812	0.8855
平均值	0.8718	0.8629	0.8484	0.8201	0.7916	0.7816

通过上述两个实验,确定了常规粗糙集方法和启发式的 SRM 算法中的最优参数 ε 和 w。接下来,将这两个方法得到的最好结果与 4.4.4 节使用的三种基于遗传多目标优化的三种 SRM 算法得到的最好结果进行比较,以便得到控制粗糙集方法结构风险的最优算法。

表 4-8～表 4-12 分别给出了上述五种算法取得的分类精度、近似质量、规则数目、值域空间大小和属性数目,表中所有实验结果均为采用十字交叉验证法得

表 4-8 各种 SRM 粗糙集方法获得的分类精度

数据集	hRS	hSRM_R	SRM_A	SRM_V	SRM_R
hepatitis	0.8650	0.8775	0.8852	0.8900	0.9163
iono	0.8888	0.9201	0.8916	0.9207	0.9429
horse	0.9700	0.9700	0.9426	0.9453	0.9725
votes	0.9609	0.9679	0.9632	0.9702	0.9680
credit	0.8232	0.8246	0.8290	0.8261	0.8341
zoo	0.9509	0.9418	0.9300	0.9200	0.9518
lymphography	0.7852	0.8043	0.7986	0.7776	0.8252
wine	0.9333	0.9549	0.9386	0.9268	0.9386
flags	0.5787	0.6389	0.6042	0.5932	0.6555
autos	0.7686	0.7645	0.7398	0.7817	0.7917
images	0.8333	0.8714	0.8707	0.8571	0.8714
soybean	0.8945	0.9253	0.7920	0.7745	0.9282
平均值	0.8544	0.8718	0.8488	0.8486	0.8830

表 4-9 各种 SRM 粗糙集方法获得的近似质量

数据集	hRS	hSRM_R	SRM_A	SRM_V	SRM_R
hepatitis	0.9742	1.0000	0.4500	0.8500	0.5500
iono	0.9623	1.0000	0.8500	0.8500	0.6500
horse	0.9958	1.0000	1.0000	1.0000	1.0000
votes	0.9630	0.9946	0.9500	0.9500	0.9500
credit	0.9274	0.9643	0.7500	0.3500	0.8500
zoo	0.9912	1.0000	1.0000	0.9500	0.9500
lymphography	0.9640	1.0000	1.0000	1.0000	1.0000
wine	0.9732	0.9988	1.0000	0.9000	1.0000
flags	0.9548	0.9908	0.9000	0.9000	1.0000
autos	0.9458	0.9707	1.0000	1.0000	1.0000
images	0.9386	0.9704	1.0000	0.9500	0.9000
soybean	0.9649	0.9974	1.0000	0.9000	0.9000
平均值	0.9629	0.9906	0.9083	0.8833	0.8958

表 4-10 各种 SRM 粗糙集方法获得的规则数目

数据集	hRS	hSRM_R	SRM_A	SRM_V	SRM_R
hepatitis	14.7000	12.9000	10.8889	13.7000	10.9000
iono	38.7000	26.3000	40.8000	40.0000	35.0000
horse	21.3000	12.6000	26.7000	24.9000	12.6000
votes	17.9000	17.6000	14.6000	14.1000	12.6000
credit	125.8000	109.2000	109.9000	30.5000	90.1111
zoo	10.5000	9.4000	12.8000	11.4000	8.8000
lymphography	39.2000	23.9000	37.5000	39.0000	24.5000
wine	13.1000	9.7000	13.5000	12.7000	9.3000
flags	76.0000	55.8000	76.1000	71.1000	57.3000
autos	51.1000	46.0000	50.9000	52.3333	46.7500
images	27.2000	24.2000	27.7143	28.0000	20.3000
soybean	85.5000	58.7000	143.0000	145.0000	47.0000
平均值	43.4167	33.8583	47.0336	40.2278	31.2634

表 4-11 各种 SRM 粗糙集方法获得的值域空间大小

数据集	hRS	hSRM_R	SRM_A	SRM_V	SRM_R
hepatitis	595.2000	1.8586×10^4	40.8889	54.4000	82.4000
iono	1.5332×10^4	7.3463×10^{10}	1689012	3.6129×10^6	4500
horse	84	2227776	1072	431.2000	3582336
votes	128	5.6576×10^3	48	43.2000	64
credit	4.2179×10^4	2.1698×10^6	2.1112×10^3	112	1.6341×10^4
zoo	89.6000	2.6829×10^4	160	90.4000	985.6000
lymphography	1.5872×10^3	3.2219×10^6	4736	2.5344×10^3	7.6751×10^6
wine	82	34314	153.6000	50.8000	1.6802×10^4
flags	234752	464486400	5.2058×10^4	9.9584×10^3	40132608
autos	680043	374393600	33862080	2.4453×10^6	138233520
images	7.6104×10^3	317262336	4.1289×10^5	1.6072×10^3	7936
soybean	338688	6.9174×10^{13}	2.9756×10^5	5.2805×10^4	1.5803×10^9
平均值	1.1010×10^5	5.7707×10^{12}	3.0268×10^6	5.1049×10^5	1.4750×10^8

表 4-12 各种 SRM 粗糙集方法获得的属性数目

数据集	hRS	hSRM_R	SRM_A	SRM_V	SRM_R
hepatitis	8.5000	14.4000	5.6667	6.4000	6.2000
iono	6.1000	16.7000	10.1000	11.2222	8.0000
horse	3.1000	10.2000	5.2000	6.1000	12.1000
votes	6.9000	11.4000	5.5000	5.2000	5.6000
credit	9.5000	14.6000	6.2000	6.2000	10.6667
zoo	4.9000	12.9000	5.6000	5.5000	8.1000
lymphography	5.0000	12.5000	6.1000	6.6000	12.8000
wine	3.4000	7.8000	4.2000	4.0000	7.9000
flags	7.7000	23.7000	8.0000	10.9000	17.7000
autos	8.6000	17.7000	11.3000	12.6667	15.7500
images	5.8000	18.3000	7.4286	7.8000	7.7000
soybean	10.5000	31.8000	10.4000	9.8000	19.6000
平均值	6.6667	16.0000	7.1413	7.6991	11.0097

到的平均结果，其中，hRS 代表近似质量阈值 ε 取 0.95 时的常规粗糙集方法、hSRM_R 代表 w 取 0.5 时的启发式 SRM 算法、SRM_A 代表基于复杂度指标 N_a 的遗传多目标优化 SRM 算法，SRM_V 代表基于复杂度指标 N_v 的遗传多目标优化 SRM 算法，SRM_R 代表基于复杂度指标 N_r 的遗传多目标优化 SRM 算法。从这些实验结果能够得出如下结论。

(1) SRM_R 和 hSRM_R 获得了最好的平均分类精度，并且 SRM_R 获得了比 hSRM_R 更好的结果。这说明规则数目 N_r 能够很好地度量粗糙集方法的真实复杂程度，因此基于 N_r 设计的 SRM 算法能够较好地控制粗糙集方法的结构风险，从而使粗糙集方法具有较好的泛化性能，另外，由于基于遗传多目标优化的 SRM 算法通过进化计算通常能够得到全局最优解，所以其优于启发式 SRM 算法。

(2) hRS 与 SRM_A 和 SRM_V 在总体意义上取得了相近的分类精度，然而，通过详细比较各方法在单个数据集上的表现，能够发现 SRM_A 在 8 个数集上、SRM_V 在 7 个数集上优于 hRS。这说明基于 N_a 和 N_v 的遗传多目标优化 SRM 算法在多数情况下能够获得比常规粗糙集方法更好的分类精度，然而，由于 N_a 和 N_v 描述的是粗糙集方法的最大可能复杂度，在某些数据集上，它们可能会与粗糙集方法的真实复杂度发生较大偏离，致使 SRM_A 和 SRM_V 不能有效地控制粗糙集方法的结构风险，从而取得较差的分类精度，所以基于复杂度指标 N_a 和 N_v 的结构风险算法是不可靠的。

(3) 基于复杂度指标 N_r 的算法 SRM_R 和 hSRM_R 获得了最小的平均规则数目，同时它们得到的平均约简值域空间大小和平均约简属性数目也是最大的，而其他算法的这三项指标相差不大，这进一步说明了粗糙集方法的真实复杂度——最小规则集中的规则数目与约简值域空间大小和约简属性数目之间不存在必然的联系。

(4) 在所有算法中，三种基于遗传多目标优化的 SRM 算法获得的平均近似质量值相对较小，而两种启发式的 SRM 算法得到的平均近似质量值相对较大，并且 hSRM_R 得到的近似质量值最大，平均为 0.9906，很接近 1。这样的实验结果一方面说明了通过控制粗糙集方法的复杂度，能够在相对较大的经验风险即较小的近似质量情况下获得较好的泛化性能，SRM_R 取得了最好的分类精度就证实了这点；另一方面说明了通过控制粗糙集方法的复杂度，在很小的经验风险情况下，也能获得满意的分类精度，同样是相对较大的近似质量值，hSRM_R 取得了较高的分类精度而 hRS 取得了较差的分类精度就证实了这一点。由此可见，经验风险的高低并不直接决定粗糙集方法的分类精度，要想使粗糙集方法获得满意的泛化性能，关键是要对其复杂度进行控制。

4.4.6 实验结论

通过汽轮机振动故障诊断以及 12 个 UCI 算法评价数据集上的 SRM 实验，对提出的 SRM 粗糙集方法进行了全面系统的评价，通过实验，得出主要结论如下。

(1) 粗糙集方法获得的对新数据样本的最好分类精度，即粗糙集方法的最佳泛化性能，通常不是在其获得的经验风险取值最小时得到，而是在其对应的复杂度较低且其获得的经验风险较小时得到，因此，单纯地追求经验风险最小化通常无法使粗糙集方法获得最佳的泛化性能。

(2)尽管约简属性数目和约简值域空间大小在一定程度上能够度量粗糙集方法的复杂度,但是它们反映的是粗糙集方法的最大可能复杂度,因此,利用这两个指标通常不能有效地控制粗糙集方法的结构风险,从而不能使粗糙集方法获得满意的泛化性能。

(3)约简属性集上提取的最小规则集中规则的数目 N_r 是粗糙集方法真实复杂度的反映,因此,基于 N_r 设计的遗传多目标优化的 SRM 算法和启发式的 SRM 算法能够最有效地控制粗糙集方法的复杂度,从而保证粗糙集方法具有可靠的泛化性能。

(4)基于遗传多目标优化的 SRM 算法能够获得最好的泛化性能,然而这一方法通常需要占用巨大的计算资源,相对于常规粗糙集方法,由于启发式 SRM 算法也能获得明显的性能改进,所以在实际故障诊断中,可以采用启发式 SRM 算法。

4.5 本章小结

为了提高粗糙集方法的泛化性能,本章将机器学习领域中广为采用的机器学习方法泛化性能的控制理论——SRM 原则引入粗糙集方法中,借助于这一理论,通过对粗糙集方法的学习过程进行分析,发现属性约简是控制粗糙集方法结构风险的一个重要途径。尽管现有的两种重要属性约简策略——最小约简和基于最小值域空间的约简,在某种意义上执行了 SRM 原则,但是在这两种属性约简策略中,度量粗糙集方法复杂度的指标——约简属性的数目和约简值域空间的大小,在很多情况下不能反映粗糙集方法的真实复杂度。为此,本章将约简属性集上提取的最小规则集中规则的数目作为粗糙集方法的复杂性度量指标,提出了基于最小导出规则数的属性约简方法,并且分别设计了基于遗传多目标优化的 SRM 算法和启发式的 SRM 算法。为了验证提出方法的有效性,利用汽轮机振动故障诊断和 12 个 UCI 算法评价数据集上的 SRM 实验,分别从粗糙集方法获得的各项性能指标随复杂度的变化、粗糙集方法各种复杂性度量指标的比较以及粗糙集方法各种 SRM 算法的比较几个方面展开了全面系统的分析工作,通过实验验证了提出的基于最小导出规则数的 SRM 算法能够最有效地控制粗糙集方法的结构风险,提高粗糙集方法的泛化性能。

第 5 章 多类故障诊断的类间干扰及抑制

5.1 概　　述

在实际的故障诊断问题中，通常多类故障并存。由于每类故障的关键征兆是该类故障发生最直接的体现，所以由关键征兆表达的故障诊断知识能够最直接地反映该类故障发生的内在规律，具有最简捷的知识表达形式，对该类故障的新故障实例具有最大的泛化能力，最理想的情况是所提取的每类故障的诊断知识均由该类故障的关键征兆表达。然而，由于每类故障的关键征兆除了对该类故障具有显著的分类能力，对其他类故障通常也具有一定的分类能力，所以当利用粗糙集方法对多类故障诊断知识进行提取时，某些类故障的关键征兆可能被认为是冗余征兆而被删除。尽管关键征兆的删除不会对现有故障实例的分类产生任何影响，但是这将导致某些类故障的诊断知识无法由自身的关键征兆来表达，从而难以揭示这些类故障发生的内在规律，当利用这样的故障诊断知识进行故障诊断时，通常不能保证对这些类故障的新故障实例具有可靠的泛化性能。

类间相互干扰是多类故障诊断知识提取过程中存在的一个内在问题，故障类别数目越多，类间相互干扰现象也将越严重。由于某些类故障的关键征兆被认为是冗余征兆而被删除，这是多类故障诊断知识提取产生类间干扰的直接原因。所以，一个直观的处理方法是在利用粗糙集方法进行多类故障诊断知识提取时不进行征兆约简，而是利用全部故障征兆来提取故障诊断知识。然而，这种方法不仅与机器学习领域中广为采用的通过征兆约简来提高机器学习方法泛化性能的常规做法背道而驰[260, 262, 263]，而且还会增加粗糙集方法在故障诊断中获取征兆的代价。针对异常值检测而提出的一类分类器由于只利用目标类信息来构建分类器，所以不存在类间干扰问题。然而，由于一类分类器在定义分类边界时仅仅利用目标类的信息，不像多类分类器可以利用更多的他类信息，所以通常情况下一类分类器的性能比不上多类分类器[210, 217]。两类分类器尽管存在类间相互干扰，即故障征兆约简的结果只包含其中一类故障的关键征兆以至于另一类故障的诊断知识并非由自身关键征兆来表达，然而，相对于多类问题，两类分类器的类间相互干扰程度明显降低，因此，将多类问题转化为两类问题将有望降低多类问题的类间相互干扰，另外，与保留全部属性的方法相比，该方法不会丧失属性约简所带来的各种好处。对于如何利用两类分类器进行多类问题的处理，在支持向量机领域已有大量的研究成果[218, 221, 223]，这些研究成果能够为粗糙集方法解决多类问题的类间干扰提供很好的借鉴。

针对粗糙集方法在多类故障诊断中存在的类间相互干扰问题，本章将从类间干扰发生的本质出发，即某些类故障的诊断知识并非由自身关键征兆来表达，通过将多类问题转化为两类问题，设计粗糙集方法的类间干扰抑制算法，以便提高粗糙集方法在多类故障诊断问题中的泛化性能。为了验证提出方法的有效性，本章不仅利用汽轮机多类振动故障诊断实验分析基于两类分类器设计的类间干扰抑制算法的工作原理，而且利用 UCI 算法评价数据集对提出的方法进行了系统的评价和优化。

5.2 多类故障诊断的类间干扰问题

本节将通过一个汽轮机多类振动故障诊断的例子来形象地分析粗糙集方法在进行多类故障诊断知识提取时存在的类间干扰问题，以便揭示多类问题类间干扰发生的本质，指导我们设计相应的类间干扰抑制算法。

以表 2-1 给出的汽轮机振动故障诊断决策表为例。粗糙集方法在进行故障诊断知识提取时，首先进行属性约简以便删除那些对于故障分类不重要甚至是冗余的条件属性，按照算法 2-1，由于 $\gamma_{\{a_2,a_3\}}(d) = \gamma_{\{a_1,a_2,a_3\}}(d) = 8/10$，所以 $\{a_2, a_3\}$ 是原决策表的约简。当获得决策表的约简后，粗糙集方法将在约简属性集的基础上提取故障诊断知识，按照算法 2-2，对于油膜涡动故障，所得到的诊断规则为 $(a_2 = 低) \wedge (a_3 = 低) \Rightarrow (d = 油膜涡动)$ 和 $(a_2 = 低) \wedge (a_3 = 中) \Rightarrow (d = 油膜涡动)$ 两条，且它们的支持度都为 1/10。由故障机理可知，0.4~0.6 倍频是油膜涡动故障的关键征兆，1 倍频是不平衡故障的关键征兆，2 倍频是不对中故障的关键征兆。从决策表可以看出，对于油膜涡动故障，若使用其关键征兆，只需一条诊断规则 $(a_1 = 高) \Rightarrow (d = 油膜涡动)$ 就能实现对故障的分类，显然，该规则是油膜涡动故障更为直接的反映，而且相对于前面的诊断规则，该规则的支持度提高为 2/10。

通过对这一例子的分析可以看出，尽管利用关键征兆和非关键征兆得到的故障诊断知识都能实现对油膜涡动故障现有故障实例的完美分类，但是，相比而言，利用关键征兆表达的故障诊断知识具有更短的规则长度和更高的规则支持度。通常情况下，规则长度越短，规则支持度越高，则规则的代表性越强，即能够更好地反映数据中的统计规律，因此，这样的规则对新故障实例将具有更加可靠的泛化性能。对油膜涡动故障，粗糙集方法之所以没有获得这样的诊断规则，是因为在属性约简过程中该类故障的关键征兆 a_1 已被认为是冗余征兆而删除。

关键征兆对故障具有最大的分类能力,那么为什么关键征兆 a_1 还会被作为冗余征兆而删除呢?下面将分析关键征兆 a_1 被删除的原因。

对于决策表,计算条件属性 a_1、a_2 和 a_3 对故障分类的重要度,$\gamma_{a_1}(d) = 2/10$,$\gamma_{a_2}(d) = 3/10$,$\gamma_{a_3}(d) = 0$,可见 a_2 具有最大的重要度,因而按照算法 2-1 属性 a_2 首先被选择。接下来,在 a_2 的基础上,计算 a_1 和 a_3 的重要度,$\gamma_{\{a_1,a_2\}}(d) = 6/10$,$\gamma_{\{a_2,a_3\}}(d) = 8/10$,可见 a_3 具有更高的重要度,因而 a_3 被选择。由于 $\gamma_{\{a_2,a_3\}}(d) = \gamma_{\{a_1,a_2,a_3\}}(d)$,所以不再继续选择属性,得到决策表的约简为 $\{a_2, a_3\}$。从属性约简的这一过程可以看出,属性 a_1 被约简并非因为其对故障分类没有贡献,而是因为不平衡和不对中故障的关键征兆 a_2 和 a_3 不仅能够对这两类故障实现最大分类,而且对油膜涡动故障的现有故障实例也能实现完美分类,所以在选择 a_2 和 a_3 后,油膜涡动故障的关键征兆 a_1 相对现有故障实例分类而言成为冗余征兆,从而被删除。

在多类故障诊断问题中,由于各类故障的关键征兆不仅对相应类故障具有显著的分类能力,而且对其他类故障也具有一定的分类能力,所以在属性约简过程中,某些类故障的关键征兆可能被作为冗余征兆而删除,从而使得这些类故障的诊断知识并非由自身关键征兆来表达,尽管这样的故障诊断知识能够对现有故障实例实现完美分类,但是由于它们通常不是这些类故障发生内在规律的直接反映,所以难以保证对这些类新故障实例具有可靠的泛化性能。粗糙集方法在对多类故障诊断问题进行处理时存在的这一问题称为类间干扰问题,类别数目越多,类间干扰越严重,为了提高粗糙集方法在多类故障诊断问题中的泛化性能,必须有效地抑制类间干扰的发生。

5.3 类间干扰的抑制方法

5.3.1 保留全部属性的方法

在多类故障诊断问题中,某些类故障的关键征兆被认为是冗余征兆而被删除,这是产生类间干扰的根本原因,因此,一个直观的解决办法是,当利用粗糙集方法进行多类故障诊断知识提取时,不进行属性约简,而是保留全部属性。

在机器学习领域中,大量的研究表明,特征选择是提高机器学习方法泛化性能的一个重要途径,因此,对于许多机器学习方法,特征选择已经成为其学习过程中不可或缺的一部分[260, 263, 263]。特征选择之所以有助于提高机器学习方法的泛化性能,是因为特征选择通过删除那些不重要的或冗余的特征,能够极大地降低输入空间的维数,从而降低机器学习方法所实现函数的复杂程度,因此,根据 3.4 节描述的 SRM 原则,特征选择通常能够提高机器学习方法的泛化性能。显然,为了处理多类问题的类间干扰而采取保留全部属性的方法,将会与机器学习领域中广泛采用的通过特征选择来提高机器学习方法泛化性能的常规做法背道而驰,因此,对于这一方法的一个直接疑问是,保留全部属性是否会降低粗糙集方法的泛化性能呢?

由第 2 章的研究可知,粗糙集方法的真实复杂度与属性数目并不直接相关,而是由约简属性集基础上提取的最小规则集中规则的数目来决定的。按照算法 2-2 给出的最小规则提取算法,粗糙集方法在进行规则提取时能够进行属性值约简,举例来说,对于表 2-1 给出的汽轮机振动故障诊断决策表,油膜涡动故障的诊断规则提取是基于故障实例 x_9 和 x_{10} 的,然而提取的故障诊断规则并不一定需要这两个实例的全部属性取值对,通过递归地选择能够将油膜涡动故障与其他类故障区分开的最重要的属性取值对,当选择的属性取值对能够实现最大区分时就不再继续选择,我们能够得到,当使用全部属性时油膜涡动故障的诊断规则为 $(a_1 = 高) \Rightarrow (d = 油膜涡动)$,属性 a_2 和 a_3 对于这一规则是冗余的,因此被约简。由于粗糙集方法在规则提取过程中能够进行属性值约简,对于油膜涡动故障,使用全部属性仅需一条规则就能实现分类,而使用约简 $\{a_2, a_3\}$,虽然减少了属性数目,但是提取的规则数目却增加为两条。可以看出,粗糙集方法在进行诊断规则提取时,所提取的规则数目与条件属性数目之间不存在必然关系,在多类问题存在类间干扰的情况下,由于保留全部属性能够保留各类故障的关键征兆,反而能够使提取的规则数目减小,使粗糙集方法的复杂度降低。

虽然保留全部属性的方法能够在不增加甚至降低粗糙集方法复杂度的情况下保留各类故障的关键征兆,从而有助于解决多类问题的类间干扰,提高粗糙集方法的泛化性能,但是由于该方法不对任何冗余属性进行约简,所以势必会增加粗糙集方法在故障诊断中为获取冗余属性而付出完全不必要的代价。

5.3.2 基于一类分类器设计的方法

针对异常值检测而提出的一类分类器[210, 216],由于只利用一类信息来构建分类器,不存在类间干扰问题,所以基于一类分类器的方法能够完全消除多类问题处理时存在的类间干扰。

一类分类器的典型例子是一类支持向量机[212],其基本思想为:对于给定的目标类样本点集,首先用一个非线性映射将样本点映射到一个高维特征空间;然后在这个高维空间中寻找一个超平面,使之以尽可能大的距离 ρ 将尽可能多的样本从原点分开;最后,当一个样本点与原点的距离大于 ρ 时,确定其属于该类。当上述非线性映射采用高斯核函数时,该方法等价于在高维空间中寻找一个包含尽可能多样本的最小超球体。

由上述描述可以看出，一类支持向量机主要是利用映射变换来使数据样本在特征空间中的分布更为集中从而构建一类分类器，由于粗糙集方法本质上只能处理名义型数据，所以对于数值型数据容易实现的映射变换等操作，在粗糙集方法中的实现是比较困难的。另外，研究表明，一类分类器由于在定义分类边界时仅仅利用目标类的信息，不像多类分类器可以利用更多的他类信息，因此，通常情况下，其获得的性能难以与多类分类器相媲美[217]。

综上所述，虽然一类分类器能够完全消除多类问题处理时存在的类间干扰，但是考虑到一类分类器所能获得的实际性能以及其在粗糙集方法中实现的难度，可以得出结论：基于一类分类器设计的方法对于解决多类问题的类间干扰是不适合的。

5.3.3 基于两类分类器设计的方法

尽管两类分类器也可能存在类间相互干扰，即其中一类故障的关键征兆被认为是冗余征兆而被删除，然而相对于多类分类器，两类分类器的类间干扰程度明显降低，因此，可以通过构建多个两类分类器来解决多类问题，以此降低粗糙集方法在多类问题处理中存在的类间干扰。

以表 2-1 给出的汽轮机振动故障诊断决策表为例，对于这三类问题，我们可以构建 3 个两类分类器，其中每一个分类器都将其中的一类与余下的各类区分开，然后根据每一个分类器的决策结果，对各分类器进行协同决策，从而利用这 3 个两类分类器对给定故障实例进行分类。对于油膜涡动故障，需要将其与不平衡和不对中两类故障区分开，此时不平衡和不对中故障看作一类，方便起见，我们称其为油膜涡动故障的负类。基于新定义的负类及油膜涡动故障的故障实例，按照 2.2 节描述的粗糙集方法，能够构建以油膜涡动故障为正类的两类分类器，得到约简为 a_1，油膜涡动故障的诊断规则为 (a_1=高) $\Rightarrow$ (d=油膜涡动)，支持度为 2/10，其负类故障的诊断规则为 (a_1=低) $\Rightarrow$ (d=负类)，支持度为 8/10，显然该分类器使用了油膜涡动故障的关键征兆。类似地，也可以分别构建以其他两类故障作为正类的两类分类器，它们得到的约简都为 $\{a_2, a_3\}$，显然，这两个分类器也都使用了对应类故障的关键征兆。由上面的例子可以看出，相对于常规方法，通过将多类问题转化为多个两类问题，可以保留在故障诊断中油膜涡动故障的关键征兆。由此可见，基于两类分类器设计的多类故障诊断问题处理方法能够明显地增加在故障诊断中使用各类故障关键征兆的可能性，从而有助于降低粗糙集方法在多类故障诊断问题处理时存在的类间干扰，使获得的各类故障诊断知识的泛化能力得到增强。另外，与保留全部属性的方法相比，该方法在两类分类器构建时依然进行属性约简，因此，不会丧失属性约简所带来的各种好处。

对于如何利用两类分类器来处理多类问题，在支持向量机领域已经提出了许多相关算法，如一对多支持向量机算法[218]、一对一支持向量机算法[219,220]、有向无环图支持向量机[221]、纠错编码支持向量机[222]、层次支持向量机[223]等，这些研究成果能够为我们设计粗糙集方法的类间干扰抑制算法提供很好的借鉴。

5.4 基于两类分类器设计的类间干扰抑制算法

5.4.1 两类分类器的构建策略

为了利用两类分类器来处理多类问题，可能有许多构建两类分类器的方式，其中最早提出的一种构建方法是基于一对多的方法[218]。该方法对于一个 M 类问题，需要构建 M 个两类分类器，每一个分类器都将其中的一类与余下的其他类区分开。尽管该方法在进行两类分类器构建时，思路简单直接，并且对于一个 M 类问题只需构建 M 个分类器，但是其存在的问题是，该方法构造的每个两类分类器所处理的数据样本通常是类不平衡的。以表 2-1 给出的汽轮机振动故障诊断决策表为例，对于以油膜涡动故障为正类的两类分类器，油膜涡动故障的故障实例数目为 2，其负类的故障实例数目为 8，显然，这个分类器所处理的故障实例存在严重的类不平衡现象。当故障实例存在类不平衡时，进行分类器的构建实际上是很困难的，这是因为在进行故障诊断知识提取时少数类故障实例通常无法得到充分的重视，这就是机器学习领域公认的影响机器学习方法性能的一个瓶颈问题——类不平衡问题。尽管目前已经提出了许多类不平衡问题的处理方法[224,225]，然而最好的解决方法是避免类不平衡问题的发生。

另一个流行的两类分类器构建方法是基于一对一的方法[219,220]，与基于一对多方法不同的是，该方法在原始多类问题的任意两类之间构建两类分类器。仍以表 2-1 给出的汽轮机振动故障诊断决策表为例，对于这三类问题，通过在任意两类之间构建分类器，可以得到 3 个两类分类器，分别用于分类不平衡和不对中、不平衡和油膜涡动以及不对中和油膜涡动故障。可以看出，对于 M 类问题，该方法需要构造 $M(M-1)/2$ 个两类分类器，这一数目通常要比上述基于一对多方法构建的分类器数目大很多。例如，当 $M=10$ 时，基于一对一的方法需要构建 45 个分类器，而基于一对多的方法只需要构建 10 个分类器。尽管基于一对一的方法需要的分类器数目较多，但是由于每一个分类器处理的故障实例集通常很小，所以每一个分类器的规模都比较小。另外，由于每个分类器只需区分原始多类问题中的任意两类，所以相对于原始多类问题和基于一对多的方法，每个分类器要学习的问题通常都比较简单，并且基于一对多方法存在的类不平衡问题在该方法中也不存在。许多实际应用表明，在进行多类问题处理时，基于一对一的两类分类器构建方法通常能获得最好的性能[264]。

除了上述两种进行两类分类器构建的方法，还可以有其他的构建方法。例如，将其中某两类或几类看作正类而把余下的看作负类，将奇数类看作正类而把偶数类看作负类等[222]。在本章中，只分析一对多和一对一这两种构建两类分类器的方法，其主要原因如下：第一，这两种方法的两类分类器的构建思路直观明了；第二，这两种方法是两类分类器构建的两个极端情况，具有代表性。

5.4.2 两类分类器的协同决策策略

无论采用何种两类分类器构建策略，最终我们都必须对每个分类器的决策输出进行评分，然后依据评分结果进行各分类器的协同决策以便确定最终的分类决策结果。显然，评分指标对最终的协同决策结果有决定性的影响，在粗糙集方法中，对于每个分类器的决策输出，可以采取如下三种指标对其进行评分，进而进行各分类器的协同决策。

每个分类器对新故障实例的分类决策结果能够作为一种最直观的对分类器的决策输出进行评分的指标，分类决策结果为哪一类就为该类投 1 票，累计得票数最多的类将作为对新故障实例进行分类决策的最终结果。以表 2-1 给出的汽轮机振动故障诊断决策表为例，假设构建了 3 个两类分类器，如果对于一个新故障实例，3 个分类器对不平衡、不对中和油膜涡动故障给出的累计投票数分别为 1 票、2 票和 0 票，则该故障实例的最终分类决策结果为不对中故障。然而，对于上述例子，可能会出现三类故障累计得票数相同的情况，由于分类决策结果是对每个分类器决策输出做出的最终评价，并且是一种定性评价，所以在这种情况下，基于分类决策结果的评分指标将显得过于粗糙。

为了定量地评价每个分类器的决策输出，可以将分类器对新故障实例的分类决策可信度作为评分指标，累计可信度最大的类将作为对新故障实例进行分类决策的最终结果。对于上述例子，假设分类器 1 对三类故障的分类决策可信度分别为 0.2、0.8 和 0，分类器 2 的分类决策可信度分别为 0.7、0 和 0.3，分类器 3 的分类决策可信度分别为 0、0.4 和 0.6。显然基于上述分类决策结果评分指标，每类故障的累计得票数均为 1，无法确定新故障实例最终所属的类别；而如果将分类决策可信度作为评分指标，三类故障的最终可信度分别为 0.9、1.2 和 0.9，可以得到最终的分类决策结果为不对中故障。

然而，上述基于分类决策可信度的评分指标没有考虑到支持某一分类决策的故障实例的数目，例如，对三类故障的分类决策可信度分别为 0.2、0.8 和 0，则支持各决策的故障实例数目可能是 1、4 和 0，也可能是 100、400 和 0，尽管可信度相同,但是支持度却有很大差别。分类决策支持度能够反映某一分类决策是否具有明显的统计特性,对于上面的例子,显然后者具有明显的统计特性,更为可信,因此,可以将分类决策支持度作为对每个分类器的决策输出进行评分的指标。由于每个分类器的规模可能存在较大差异,所以在计算支持度时,将每个分类器给出的分类决策支持度用每个分类器所处理的故障实例总数进行标幺,从而使得各分类器能够被公平地对待。针对上述基于分类决策可信度评分指标的分析例子,假设分类器 1 对三类故障的分类决策支持度分别为 0.1、0.4 和 0,分类器 2 的分类决策支持度分别为 0.7、0 和 0.3,分类器 3 的分类决策支持度分别为 0、0.2 和 0.3。基于分类决策支持度评分指标,三类故障的最终支持度分别为 0.8、0.6 和 0.6,得到的最终分类决策结果为不平衡故障,而如果基于分类决策可信度评分指标,最终分类决策结果为不对中故障。

分析上述三种对分类器的决策输出进行评分的指标,可以看出它们之间存在如下关系:分类决策支持度是对每个分类器的分类决策输出做出的最基本评价,基于分类决策支持度能够计算分类决策可信度,而分类决策可信度最大的类能够作为分类决策结果来判断故障实例所属的类别,简而言之,三者中支持度是原始评价,可信度是中间结果,分类决策结果是最终评价。

5.4.3 类间干扰抑制算法设计

基于上述两类分类器的构建策略和各分类器之间的协同决策策略,我们能够设计粗糙集方法在处理多类问题时的类间干扰抑制算法。

为了方便算法设计,使用图 5-1 所示的统一结构来存储各分类器的分类决策结果。基于这一统一存储结构,对于不同的两类分类器构建方法,只需利用 5.4.2 节描述的评分指标对各分类器的分类决策输出进行评分,并将评分结果通过累计的方式存储到这一结构中,然后,通过从结构中选择累计评分最大的分类决策,便能够得到各分类器协同决策的最终分类决策结果。

1	2	3	…	i	…	$M-2$	$M-1$	M	← 分类决策
…	…	…	…	…	…	…	…	…	← 累计评分

图 5-1 M 类问题分类决策的统一存储结构

为了设计粗糙集方法在处理多类问题时的类间干扰抑制算法,首先进行两类分类器的构建。算法 5-1 给出了基于一对多的两类分类器构建算法,该算法针对给定原始 M 类问题的故障实例集,分别利用每一类及其负у来构建 M 个两类分类器,并输出每个分类器对应的约简属性集 iRedu、规则集 iRuleset 和规则的支持度集 iSupp。为了与常规的多类方法进行比较,算法还给出基于一对多的方法在处理多类问题时实际使用的属性子集 used_Redu，基于每一类(或其负类)进行折合计算得到的规则数目 Num($\overline{\text{Num}}$)、平均规则支持度 aveSupp($\overline{\text{aveSupp}}$)和平均规则长度 aveLen($\overline{\text{aveLen}}$)，以及所有两类分类器的平均约简属性数目 aveNum_Redu。算法 5-2 给出了基于一对一的两类分类器构建算法，该算法针对给定原始 M 类问题的故障实例集，通过提取其中任意两类的故障实例组成新的故障实例集，从而构建 $M(M-1)/2$ 个两类分类器，输出每个分类器对应的约简属性集 ijRdeu、规则集 ijRuleset 和规则的支持度集 ijSupp，同时给出该方法在处理多类问题时实际使用的属性子集 used_Redu、折合规则数目 Num、折合平均规则支持度 aveSupp、折合平均规则长度 aveLen 以及所有两类分类器的平均约简属性数目 aveNum_Redu。

算法 5-1　基于一对多的两类分类器构建算法
输入：原始 M 类问题的故障实例集 Dataset
输出：M 个两类分类器(iRedu，iRuleset 和 iSupp)及 aveNum_Redu、used_Redu、
　　　Num、aveSupp、aveLen、$\overline{\text{Num}}$、$\overline{\text{aveSupp}}$、$\overline{\text{aveLen}}$

```
begin
    for 原始 M 类问题中的每一类 i do
        将 Dataset 中第 i 类以外的所有故障实例标记为 ī 类，从而得到构建第 i 类分类器的
        数据集 i_Dataset；
        针对 i_Dataset，利用算法 2-1 给出的属性约简算法进行属性约简，得到约简属性集
        iRedu；
        针对 i_Dataset，在约简属性集 iRedu 上，利用算法 2-2 给出的规则提取算法提取
        故障诊断规则，得到规则集 iRuleset，并计算每条规则的支持度，得到规则的支持度
        集 iSupp；
        计算 iRedu 中属性的数目 i_Num_Redu；
        计算 i 类规则的规则数目 iNum，规则支持度之和 iSum_Supp，规则长度之和
        iSum_Len；
        计算 ī 类规则的规则数目 īNum，规则支持度之和 īSum_Supp，规则长度之和
        īSum_Len；
    end
    对于该 M 类问题，计算所有两类分类器的平均属性约简数目
    aveNum_Redu ← sum(iNum_Redu)/M，并统计实际使用的约简属性子集
                        i
    used_Redu ← ⋃ iRedu；
                i
```

以 i 类为依据，计算该 M 类问题的折合规则数 Num ← sum(iNum)，折合平均规则支持度 aveSupp ← sum$_i$(iSum_Supp)/Num，折合平均规则长度 aveLen ← sum$_i$(iSum_Len)/Num；

以 $\overline{i}$ 类为依据，计算该 M 类问题的折合规则数 $\overline{\text{Num}}$ ← sum$_i$($\overline{i\text{Num}}$)，折合平均规则支持度 $\overline{\text{aveSupp}}$ ← sum$_i$($\overline{i\text{Sum\_Supp}}$)/$\overline{\text{Num}}$，折合平均规则长度 $\overline{\text{aveLen}}$ ← sum$_i$($\overline{i\text{Sum\_Len}}$)/$\overline{\text{Num}}$；

end

算法 5-2　基于一对一的两类分类器构建算法

输入：原始 M 类问题的故障实例集 Dataset

输出：$M(M-1)/2$ 个两类分类器（ijRedu，ijRuleset 和 ijSupp）及 aveNum_Redu、used_Redu、Num、aveSupp、aveLen

begin

构建 3 个如图 5-1 所示的存储结构，用于存储每类故障诊断规则的累计数目 Sum_Num、累计支持度 Sum_Supp 和累计长度 Sum_Len；

for 原始 M 类问题中的每一类 i，i 从 1 到 $M-1$ do

　　for j 从 $i+1$ 到 M do

　　　　从 Dataset 中提取第 i 和 j 类的所有故障实例组成 ij_Dataset；

　　　　针对 ij_Dataset，利用算法 2-1 给出的属性约简算法进行属性约简，得到约简属性集 ijRedu；

　　　　针对 ij_Dataset，在约简属性集 ijRedu 上，利用算法 2-2 给出的规则提取算法提取规则集 ijRuleset，计算规则的支持度集 ijSupp；

　　　　计算 ijRedu 中属性的数目 ijNum_Redu；

　　　　计算 i 类规则的规则数目 iNum，规则支持度之和 iSum_Supp，规则长度之和 iSum_Len，并通过累加方式，分别存储在 Sum_Num、Sum_Supp 和 Sum_Len 对应的类别中；

　　　　计算 j 类规则的规则数目 jNum，规则支持度之和 jSum_Supp，规则长度之和 jSum_Len，并通过累加方式，分别存储在 Sum_Num、Sum_Supp 和 Sum_Len 对应的类别中；

end

对于该 M 类问题，计算所得到的平均属性约简数目 aveNum_Redu ← sum$_{i,j}$(ijNum_Redu)/($M(M-1)/2$)，并计算实际使用的约简属性子集 used_Redu ← $\bigcup_{i,j} ij$Redu；

计算该 M 类问题的折合规则数 Num ← sum_i(Sum_Num/($M-1$))，折合平均规则支持度 aveSupp ← sum_i(Sum_Supp)/sum_i(Sum_Num)，折合平均规则长度 aveLen ← sum_i(Sum_Len)/sum_i(Sum_Num)；

end

  基于算法 5-1 和算法 5-2 给出的基于一对多和一对一的两类分类器构建算法，为了对多类问题的新故障实例进行分类决策，需要针对上述的两类分类器构建算法，设计分类器的协同决策算法，算法 5-3 给出了统一的分类器协同决策算法。在算法 5-3 中，各分类器的分类决策评分指标可以为分类决策支持度、分类决策可信度和分类决策结果，选择不同的评分指标将得到不同的协同决策策略。需要说明的是，对于基于一对多的两类分类器构建算法，除了可以基于每一类的分类决策评分进行决策，还可以基于每一类的负类进行决策，此时依然可以利用图 5-1 描述的统一存储结构和算法 5-3 来进行分类决策，所不同的是分类决策评分指标值需要取负，算法按照负类的分类决策评分绝对值最小原则来对新故障实例进行分类决策。由 5.4.1 节可知，基于一对多方法构建的两类分类器所处理的数据样本通常存在类不平衡问题，由于基于每一类的负类的分类决策机制通常是依据多数类的规则进行决策的，所以该机制所使用的规则通常具有较好的统计特性。对于 5.4.2 节描述的三种分类决策评分指标，只有当评分指标选择分类决策支持度时，基于每一类与基于负类的分类决策机制所给出的结果才存在差异。

算法 5-3 多分类器的统一协同决策算法
输入：M 类问题的两类分类器（iRedu，iRuleset 和 iSupp）及新故障实例 x
输出：x 的最终分类结果
begin
  for 所有两类分类器中的第 i 个分类器 do
    根据 5.4.1 节描述的分类决策方法，利用分类器对 x 进行分类决策；
    根据 5.4.2 节描述的分类决策评分指标，通过累加方式，将分类器的分类决策评分存储在图 5-1 所示的统一存储结构的相应分类决策中；
  end
  从结构中选择累计分类决策评分最大的类作为 x 的最终分类结果；
end

5.5 实验分析

5.5.1 实验配置

针对粗糙集方法在多类故障诊断问题中存在的类间干扰，本章分析了类间干扰发生的机理，提出了基于两类分类器设计的类间干扰抑制方法。为了验证提出方法的有效性，在这部分，首先开展汽轮机多类振动故障诊断的类间干扰抑制实验，通过实验对提出方法的工作原理进行分析，在此基础上，进一步利用 14 个 UCI 算法评价数据集对提出的类间干扰抑制方法进行更深入、系统的评价和优化。

表 5-1 给出了实验中使用的 14 个 UCI 算法评价数据集的相关描述信息。可以看出，在选择的数据集中，数据集的最小类别数为 3，最大类别数为 24。对于数据集中含有的数值型属性，采用 Fayyad 等[104, 105]提出的递归最小熵划分方法将这些数值型属性离散为粗糙集方法能够处理的名义型属性。

表 5-1 实验数据集

序号	名称	大小	条件属性数	属性类型①		属性取值数目范围	类别数
1	zoo	101	16		16N	2~7	7
2	lymphography	148	18		18N	2~8	4
3	wine	178	13	13C		3~133	3
4	flags	194	28	10C	18N	2~136	8
5	autos	205	23	14C	9N	2~188	6
6	machine	209	7	7C		8~104	8
7	images	210	19	19C		2~201	7
8	glass	214	9	9C		6~178	6
9	audiology	226	69		69N	2~24	24
10	heart	303	13	6C	7N	2~152	5
11	solar	323	10		10N	2~6	3
12	soybean	683	35		35N	2~19	19
13	vehicle	846	18	18C		4~424	4
14	anneal	898	38	6C	32N	2~68	5

注：①其中 C 代表数值型属性，N 代表名义型属性。

5.5.2 汽轮机多类振动故障诊断的类间干扰抑制实验

针对表 4-1 给出的汽轮机振动故障数据，根据本章提出的基于一对一的类间干扰抑制方法，能够将原始的五类问题转化为 10 个两类问题，得到 10 个两类分类器用于分类其中的任意两类故障，表 5-2 给出了 10 个两类分类器对应的故障征兆约简和故障诊断规则。

表 5-2 基于一对一的方法获得的规则集

两类分类器	规则序号	规则	支持度	可信度
不平衡与不对中 (约简：$c4 \to c5 \to c1$)	1	$c1(中) \Rightarrow d(不平衡)$	0.0476	1
	2	$c1(低) \land c4(中) \land c5(中) \Rightarrow d(不平衡)$	0.0476	0.5
	3	$c1(低) \land c4(中) \land c5(中) \Rightarrow d(不对中)$	0.0476	0.5
	4	$c4(中) \land c5(高) \Rightarrow d(不对中)$	0.1429	1
	5	$c5(低) \Rightarrow d(不平衡)$	0.2381	1
	6	$c4(高) \Rightarrow d(不平衡)$	0.2857	1
	7	$c4(低) \Rightarrow d(不对中)$	0.2857	1
不平衡与油膜涡动 (约简：$c2$)	1	$c2(高) \Rightarrow d(油膜涡动)$	0.1905	1
	2	$c2(中) \Rightarrow d(油膜涡动)$	0.2857	1
	3	$c2(低) \Rightarrow d(不平衡)$	0.5238	1
不平衡与转子碰摩 (约简：$c3$)	1	$c3(中) \Rightarrow d(不平衡)$	0.1250	1
	2	$c3(高) \Rightarrow d(转子碰摩)$	0.3125	1
	3	$c3(低) \Rightarrow d(不平衡)$	0.5625	1
不平衡与正常 (约简：$c4$)	1	$c4(低) \Rightarrow d(正常)$	0.2667	1
	2	$c4(中) \Rightarrow d(不平衡)$	0.3333	1
	3	$c4(高) \Rightarrow d(不平衡)$	0.4000	1
不对中与油膜涡动 (约简：$c2$)	1	$c2(高) \Rightarrow d(油膜涡动)$	0.2000	1
	2	$c2(中) \Rightarrow d(油膜涡动)$	0.3000	1
	3	$c2(低) \Rightarrow d(不对中)$	0.5000	1
不对中与转子碰摩 (约简：$c1$)	1	$c1(高) \Rightarrow d(转子碰摩)$	0.1333	1
	2	$c1(中) \Rightarrow d(转子碰摩)$	0.2000	1
	3	$c1(低) \Rightarrow d(不对中)$	0.6667	1

续表

两类分类器	规则序号	规则	支持度	可信度
不对中与正常 (约简：$c5$)	1	$c5$(高) $\Rightarrow d$(不对中)	0.2143	1
	2	$c5$(低) $\Rightarrow d$(正常)	0.2857	1
	3	$c5$(中) $\Rightarrow d$(不对中)	0.5000	1
油膜涡动与转子碰摩 (约简：$c3$)	1	$c3$(中) $\Rightarrow d$(油膜涡动)	0.2667	1
	2	$c3$(高) $\Rightarrow d$(转子碰摩)	0.3333	1
	3	$c3$(低) $\Rightarrow d$(油膜涡动)	0.4000	1
油膜涡动与正常 (约简：$c2$)	1	$c2$(高) $\Rightarrow d$(油膜涡动)	0.2857	1
	2	$c2$(低) $\Rightarrow d$(正常)	0.2857	1
	3	$c2$(中) $\Rightarrow d$(油膜涡动)	0.4286	1
转子碰摩与正常 (约简：$c1$)	1	$c1$(高) $\Rightarrow d$(转子碰摩)	0.2222	1
	2	$c1$(中) $\Rightarrow d$(转子碰摩)	0.3333	1
	3	$c1$(低) $\Rightarrow d$(正常)	0.4444	1

通过与表 4-4 给出的常规粗糙集方法获得的故障征兆约简和故障诊断规则对比可以发现，本章提出的基于一对一的类间干扰抑制方法得到的每个两类分类器都很简单，对应的故障征兆和故障诊断规则数目更少，规则长度更短，规则支持度更高，从而分类器的每条规则蕴含的故障诊断知识能够覆盖更多的故障数据样本，因此，每条规则都是从更多的数据中统计归纳得到的，能够更好地反映故障数据中蕴含的统计规律。由故障机理可知，0.4～0.6 倍频是油膜涡动故障的关键征兆，1 倍频是不平衡故障的关键征兆，2 倍频是不对中故障的关键征兆，具有相对广泛的频谱分布是转子碰摩故障的关键征兆(这意味着其他类故障关键征兆以外的所有征兆原则都可以作为转子碰摩故障的关键征兆，从而显著地将转子碰摩故障与其他故障进行分类)。从表 5-2 可以看出，每个分类器都使用了对两类故障具有最大分类能力的关键征兆，并且除了用于分类不平衡和不对中故障的分类器使用了较多的故障征兆，其他 9 个两类分类器都只使用了 1 个征兆就完成了对两类故障的分类，而使用的这个征兆恰好是其中一类故障的关键征兆。进一步对表 5-2 的故障诊断规则进行机理分析可以发现，每一条故障诊断规则都较为直接地反映了故障发生的本质规律，例如，对于不平衡与油膜涡动故障的分类规则，当 0.4～0.6 倍频($c2$)为中和高时，故障类别为油膜涡动，当 0.4～0.6 倍频($c2$)为低时，故障类别为不平衡；对于不对中与转子碰摩故障的分类规则，当 0～0.4 倍频($c1$)为中和高时，故障类别为转子碰摩，当 0～0.4 倍频($c1$)为低时，故障类别为不对中，显然这些提取的规则能够很好地与各类故障的机理分析结果吻合，

故障诊断规则简单明了，统计性强。由此可见，基于两类分类器设计的类间干扰抑制方法在构建分类器时，不仅能够最大可能地利用各类故障的关键征兆，使得提取的故障诊断规则具有更好的泛化能力，而且通过将多类问题转化为两类问题，能够对多类问题进行简化，因此，基于两类分类器设计的类间干扰抑制方法通常能够获得更好的泛化性能。

以一个具体的故障 $x=\{$中，中，高，高，中，中，中，中$\}$为例，利用表 5-2 给出的 10 个两类分类器，首先能够得到每个分类器对该故障实例的分类决策输出；然后，基于分类决策结果评分指标，通过 10 个分类器的协同决策，能够得到基于一对一的类间干扰抑制方法对该故障实例作出各种分类决策的累计投票数如表 5-3 所示；最后，从表 5-3 可以看出，不平衡、不对中、油膜涡动、转子碰摩和正常的累计投票数分别为 2、1、3、4 和 0，其中对该故障实例做出转子碰摩故障决策的投票数最多，因此，该故障实例被诊断为转子碰摩故障。而如果利用表 4-4 给出的常规粗糙集方法获得的规则集，该故障实例仅与第 10 条规则：$c4(高) \Rightarrow d(不平衡)$ 匹配，因此，常规粗糙集方法将该故障实例诊断为不平衡故障。按照故障机理，具有相对广泛的频谱分布通常是转子碰摩故障发生的直接表现，由此可见，基于一对一的类间干扰抑制方法得到的故障诊断结果能够较好地与故障机理分析结果吻合。

表 5-3　各分类决策得到的投票数目

分类决策	不平衡	不对中	油膜涡动	转子碰摩	正常
投票数目	2	1	3	4	0

5.5.3　各种类间干扰抑制算法的比较分析

在 5.4 节中，分别给出了基于一对多和一对一的两类分类器构建算法，并且对于每一个算法又可以分别选择三种不同的分类器协同决策策略，为了对各种算法进行评价，接下来将利用表 5-1 描述的 UCI 算法评价数据集来开展比较分析。

实验采用十字交叉验证法进行，在实验中，我们对常规粗糙集方法以及具有不同分类器协同决策策略的一对多和一对一方法在处理多类问题时所获得的各项性能进行了比较，表 5-4～表 5-6 分别给出了各种方法获得的分类精度、属性数目、规则数目、规则支持度和规则长度，其中，RS 代表常规粗糙集方法，1vR_V、1vR_C、1vR_PS 和 1vR_NS 分别代表分类器协同决策采用决策结果、决策可信度、决策支持度和负类决策支持度评分指标的一对多方法，1v1_V、1v1_C 和 1v1_S 分别代表分类器协同决策采用决策结果、决策可信度和决策支持度评分指标的一对一方法。

表 5-4 各种方法获得的分类精度

数据集	常规	一对多方法				一对一方法		
	RS	1vR_V	1vR_C	1vR_PS	1vR_NS	1v1_V	1v1_C	1v1_S
zoo	0.9400	0.9509	0.9409	0.9509	0.9309	0.9509	0.9509	0.9009
lymphography	0.8186	0.8252	0.8324	0.8319	0.8319	0.8257	0.8257	0.7786
wine	0.9389	0.9444	0.9389	0.9441	0.9219	0.9549	0.9549	0.9157
flags	0.5937	0.5884	0.5837	0.5984	0.5982	0.6495	0.6287	0.4700
autos	0.7438	0.7731	0.7833	0.7636	0.7590	0.7633	0.7586	0.5221
machine	0.6552	0.6267	0.6505	0.6457	0.6410	0.6886	0.6886	0.5074
images	0.8667	0.8667	0.8714	0.8429	0.8524	0.8667	0.8667	0.6238
glass	0.6955	0.6771	0.6768	0.6675	0.5781	0.6823	0.6777	0.5799
audiology	0.7615	0.7447	0.7490	0.7316	0.7708	0.7800	0.7800	0.5002
heart	0.5216	0.5246	0.5246	0.5244	0.5051	0.5544	0.5443	0.5841
solar	0.8671	0.8609	0.8607	0.8578	0.8483	0.8761	0.8731	0.7865
soybean	0.8462	0.8960	0.9033	0.8843	0.8814	0.9254	0.9298	0.4802
vehicle	0.6631	0.6855	0.7020	0.6843	0.6962	0.7175	0.7210	0.6192
anneal	1.0000	1.0000	1.0000	1.0000	1.0000	0.9989	0.9989	0.9232
平均值	0.7794	0.7832	0.7870	0.7805	0.7725	0.8024	0.7999	0.6566

表 5-5 各种方法获得的属性数目及规则数目

数据集	属性数目			规则数目			
	常规	一对多方法	一对一方法	常规	一对多方法[①]		一对一方法
					P	N	
zoo	4.9000	2.4571	1.0857	12.2000	10.0000	20.7000	7.4500
lymphography	6.0000	3.7000	2.1000	34.9000	33.3500	39.2500	15.7333
wine	4.0000	3.5667	2.5000	13.5000	12.5000	16.5000	9.1500
flags	8.8000	5.1625	2.7571	73.8000	76.2500	144.2500	38.9857
autos	9.2000	5.5667	2.9600	51.1000	52.3500	82.9500	28.6400
machine	6.7000	3.7125	1.7250	37.0000	35.0000	69.1000	17.7286
images	6.3000	3.2143	1.7048	28.3000	27.6500	53.6500	16.2500
glass	6.8000	5.1667	3.0467	32.4000	29.9000	50.6000	18.5400
audiology	13.3000	2.9716	1.1023	58.1000	55.3000	122.4000	28.7445
heart	9.8000	9.1800	8.0100	98.2000	96.3000	135.5000	59.8000
solar	9.0000	7.9000	6.5667	52.1000	52.1000	63.4000	37.5500
soybean	11.3000	3.0421	1.1234	115.7000	91.0500	151.1500	28.5278
vehicle	14.2000	11.5250	8.8500	181.5000	181.9000	207.8000	91.6333
anneal	3.0000	1.2000	1.0000	7.0000	5.0000	8.0000	5.5250
平均值	8.0929	4.8832	3.1808	56.8429	54.1893	83.2321	28.8756

注：①其中 P 代表基于每一类计算折合的规则数目，N 代表基于负类计算折合的规则数目。

表 5-6 各种方法获得的规则长度及支持度

数据集	规则长度				规则支持度			
	常规	一对多方法[①]		一对一方法	常规	一对多方法[①]		一对一方法
		P	N			P	N	
zoo	2.3088	2.0904	1.1108	1.0402	0.0823	0.1024	0.3679	0.4726
lymphography	2.5843	2.5264	2.3725	2.0472	0.0457	0.0471	0.0919	0.1438
wine	2.1845	2.1782	1.6184	1.5169	0.1070	0.1027	0.1755	0.2150
flags	2.8297	2.7584	1.8370	1.6013	0.0175	0.0155	0.0739	0.1219
autos	2.8248	2.6671	1.9757	1.7014	0.0246	0.0210	0.0831	0.1202
machine	2.8934	2.9594	2.0499	1.6984	0.0334	0.0266	0.1263	0.2206
images	2.5950	2.5412	1.6086	1.3716	0.0423	0.0370	0.1373	0.2281
glass	3.1033	3.1045	2.1525	1.9460	0.0335	0.0314	0.1433	0.1732
audiology	3.2776	2.9791	1.4881	1.0709	0.0223	0.0198	0.2522	0.4143
heart	4.8349	4.9566	3.8769	3.5863	0.0155	0.0125	0.0657	0.0649
solar	3.3148	3.4920	3.0869	2.9350	0.0272	0.0222	0.0442	0.0503
soybean	4.1696	3.8603	2.1925	1.2280	0.0105	0.0112	0.1676	0.3356
vehicle	4.4220	4.5494	3.9427	3.6300	0.0087	0.0069	0.0266	0.0287
anneal	1.7143	1.2000	1.0000	1.0000	0.1429	0.2000	0.5888	0.4526
平均值	3.0755	2.9902	2.1652	1.8838	0.0438	0.0469	0.1674	0.2173

注：①其中 P 代表基于每一类进行折合计算，N 代表基于负类进行折合计算。

从表 5-4 给出的各种方法获得的分类精度可以得出如下结论。

(1)基于一对多和一对一的类间干扰抑制方法在平均意义上获得了比常规粗糙集方法更好的分类精度，这说明基于两类分类器设计的类间干扰抑制方法能够有效地抑制多类问题的类间干扰，提高粗糙集方法在处理多类问题时的泛化性能。

(2)相对于常规粗糙集方法，基于一对一的类间干扰抑制方法获得了明显的性能改进，而基于一对多方法获得的性能改进并不明显，这说明基于一对一的类间干扰抑制方法能够更好地抑制多类问题的类间干扰，获得更好的泛化性能。

(3)在分类器的各种协同决策策略中，基于决策结果评分指标的策略获得了最好的性能，基于决策可信度评分指标的策略次之，基于决策支持度评分指标的策略最差，并且对于一对多方法，当采用负类决策支持度评分指标时，获得的性能更差。这说明在进行各分类器的协同决策时，分类决策结果能够作为最佳的分类决策评分指标，而支持度和可信度虽然能够提供比分类决策结果更为丰富的定量决策信息，但是这些评分指标并不能获得更好的性能。

从表 5-4 的实验结果可以看出，基于两类分类器设计的类间干扰抑制方法能够获得比常规粗糙集方法更好的性能，并且基于一对一的方法能够获得最好的性能，接下来我们将通过分类器的一些基本评价指标来分析这些方法在进行多类问题处理时获得性能改进的原因。

表 5-5 和表 5-6 分别给出了各种方法获得的平均约简属性数目、规则数目、规则长度和规则支持度，从这些结果可以得出如下结论。

(1) 基于一对一的类间干扰抑制方法获得的约简属性数目和规则数目明显少于常规粗糙集方法，并且规则长度更短，规则支持度更高，显然，这样的故障诊断知识能够更好地反映故障数据中蕴含的统计规律，因此，基于一对一的方法能够获得更好的泛化性能。

(2) 与基于一对一的方法相比，基于一对多的类间干扰抑制方法获得的上述指标与常规粗糙集方法相近，这在一定程度上解释了该方法获得的性能改进不明显的原因。另外，我们也发现，尽管基于负类决策支持度评分指标的协同决策策略能够获得更短的规则长度和更高的规则支持度，这样的故障诊断知识能够更好地反映故障数据中蕴含的统计规律，但是由于这一策略是通过负类知识间接决策的，所以其获得的实际性能不理想是可以理解的。

5.5.4 保留全部属性方法的性能

当利用粗糙集方法处理多类问题时，某些类故障的关键征兆被认为是冗余征兆而被删除，这是类间干扰发生的根本原因，由 5.3.1 节的分析可知，保留全部属性的方法能够起到抑制类间干扰的作用。接下来，通过实验来评价这一方法对类间干扰的抑制效果。

实验采用十字交叉验证法，表 5-7 给出了保留全部属性的常规粗糙集方法和基于一对一的类间干扰抑制方法获得的分类精度、规则数目、规则长度和规则支持度。其中 RS_A 代表保留全部属性的常规粗糙集方法，1v1_VA 代表保留全部属性的基于一对一的类间干扰抑制方法。通过将表 5-7 给出的实验结果与表 5-4~表 5-6 给出的实验结果进行对比，可以得出如下结论。

(1) 通过保留全部属性，常规粗糙集方法获得的分类精度得到了明显的改进，进一步对分类器的各项评价指标进行分析可以看出，通过保留全部属性，尽管规则长度变化不大，但是规则数目明显减少，规则支持度得到了较大提高，这说明该方法通过保留所有类故障的关键征兆使得每类故障的诊断知识都能由自身的关键征兆来表达，从而更好地反映各类故障发生的内在规律，故障诊断知识更加简洁，统计特性更强，因此，获得了明显的性能改进。

表 5-7 保留全部属性方法获得的各参数值

数据集	分类精度		规则数目		规则长度		规则支持度	
	RS_A	1v1_VA	RS_A	1v1_VA	RS_A	1v1_VA	RS_A	1v1_VA
zoo	0.9518	0.9518	9.3000	7.3500	2.2239	1.0544	0.1110	0.4798
lymphography	0.8319	0.8452	25.6000	12.9000	2.9551	2.2118	0.0744	0.2199
wine	0.9497	0.9552	10.1000	8.1500	2.1206	1.6022	0.1961	0.3247
flags	0.6187	0.6134	57.1000	31.3429	3.3845	1.9894	0.0266	0.1994
autos	0.7640	0.7933	48.2000	23.8800	2.8919	1.8957	0.0285	0.1761
machine	0.6505	0.6743	37.2000	16.7000	2.8934	1.7571	0.0335	0.2673
images	0.8857	0.8857	25.0000	13.5167	2.5977	1.4600	0.0488	0.2854
glass	0.6955	0.6677	32.3000	18.0200	3.1229	1.9913	0.0336	0.1792
audiology	0.7972	0.8241	40.7000	24.6133	3.6348	1.1128	0.0362	0.4837
heart	0.5216	0.5283	98.8000	58.6000	4.8474	3.5952	0.0152	0.0731
solar	0.8580	0.8672	51.6000	36.3500	3.2850	2.9984	0.0277	0.0531
soybean	0.9165	0.9370	61.7000	22.6667	4.0635	1.2661	0.0207	0.4276
vehicle	0.6760	0.7151	177.2	86.2667	4.4825	3.6881	0.0092	0.0381
anneal	1.0000	1.0000	5.0000	5.0000	1.2000	1.0000	0.2000	0.5000
平均值	0.7941	0.8042	48.5571	26.0969	3.1217	1.9730	0.0615	0.2648

(2)保留全部属性对基于一对一的类间干扰抑制方法获得的分类精度以及分类器的各项评价指标影响不大，这是因为基于一对一的类间干扰抑制方法本身已经能够利用各类故障的关键征兆进行诊断知识的表达，抑制类间干扰的发生，因此，保留全部属性对其影响不大。

(3)通过保留全部属性，尽管常规粗糙集方法能够获得明显的性能改进，但是，其性能仍然差于基于一对一的类间干扰抑制方法，这是因为基于一对一的类间干扰抑制方法在进行两类分类器构建时只需要对两类故障进行分类，相对于常规粗糙集方法，该方法对原始多类问题进行了简化，因此，得到的分类知识更加简单明了，统计规律更强，泛化性能也就更好。

通过保留全部属性，常规粗糙集方法在进行多类问题处理时能够有效地抑制类间干扰，获得更好的泛化性能，然而，由于该方法在保留每类故障关键征兆的同时保留了对故障分类可能毫无帮助的冗余征兆，所以势必会增加粗糙集方法在故障诊断中为获取这些冗余征兆而付出的完全不必要的代价。表 5-8 给出了常规粗糙集方法、保留全部属性的方法和基于一对一的类间干扰抑制方法在进行多类问题处理时实际使用的属性数目，从表 5-8 可以看出，保留全部属性的方法使用的属性数目明显高于常规粗糙集方法，基于一对一的类间干扰抑制方法实际使用的属性数目虽然也要高于常规粗糙集方法，但是相对于保留全部属性的方法所使用的属性数目明显降低,这说明基于一对一的类间干扰抑制方法不仅能够有效地抑制多类问题的类间干扰,提高粗糙集方法在多类问题处理时的泛化性能,而且能够删除对故障分类毫无帮助的冗余征兆,避免为获取这些征兆而付出额外的代价,因此,在利用粗糙集方法进行多类问题处理时,相对于保留全部属性的方法,基于一对一的类间干扰抑制方法是更好的选择。

表 5-8 保留全部属性方法与其他方法获得的属性数目

数据集	RS	RS_A	1v1_V
zoo	4.9000	16.0000	8.7000
lymphography	6.0000	18.0000	8.1000
wine	4.0000	13.0000	5.6000
flags	8.8000	28.0000	14.9000
autos	9.2000	23.0000	12.5000
machine	6.7000	7.0000	7.0000
images	6.3000	19.0000	11.4000
glass	6.8000	9.0000	7.0000
audiology	13.3000	69.0000	23.8000
heart	9.8000	13.0000	10.0000
solar	9.0000	10.0000	8.9000
soybean	11.3000	35.0000	24.9000
vehicle	14.2000	18.0000	16.1000
anneal	3.0000	38.0000	4.9000
平均值	8.0929	22.5714	11.7000

5.5.5 解决多类问题的两类及一类算法性能比较

由 5.3.2 节的分析可知,基于一类分类器设计的方法能够完全消除多类问题处理时存在的类间干扰,然而,由于一类分类器在定义分类边界时仅仅利用目标类的信息,不像多类分类器可以利用更多的其他类信息,所以许多研究显示一类分类器的性能通常难以与多类分类器相媲美。为了对一类分类器获得的性能进行评价,也为了证实本章提出的基于两类分类器设计的方法是解决多类问题类间干扰的最佳选择,接下来借助两类和一类支持向量机[212]来开展比较实验。

表 5-9 给出了使用径向基核函数的两类和一类支持向量机在不同参数下获得的分类精度,其中两类支持向量机基于一对一的方法来构建两类分类器,一类支持向量机针对每一类分别构建分类器。在实验中,首先对两类和一类支持向量机在不同参数下获得的分类精度进行比较,确定两种方法的最优参数设置,得到两种方法所能获得的最好分类精度;然后,对两种方法获得的最好分类精度进行比

较,以便对两类和一类支持向量机的性能进行评价。从实验结果可以看出,当 C 取一个较大值时,在实验中取 $C=100$,两类支持向量机获得了最好的性能;当 v 取一个较小值时,在实验中取 $v=0.01$,一类支持向量机获得了最好的性能。通过对两种方法获得的最好性能进行比较可以发现,两类支持向量机获得的分类精度明显好于一类支持向量机,这与一类分类器的先前研究结果是一致的[219]。由于通常情况下一类分类器的性能要差于两类分类器,再加上一类分类器在粗糙集方法中的实现比较困难,所以基于两类分类器设计的类间干扰抑制方法是解决多类问题类间干扰的最佳选择。

表 5-9 两类支持向量机与一类支持向量机的分类精度比较

数据集	两类支持向量机			一类支持向量机		
	$C=1$	$C=100$	$C=100$	$v=0.001$	$v=0.01$	$v=0.3$
zoo	0.9209	0.9609	0.9609	0.9418	0.8718	0.8218
lymphography	0.7852	0.8457	0.8457	0.7233	0.7100	0.7171
wine	0.4611	0.4892	0.4892	0.5062	0.5229	0.5173
flags	0.3766	0.3768	0.3768	0.2226	0.2637	0.2639
autos	0.3469	0.3469	0.3469	0.0433	0.1705	0.0690
machine	0.6031	0.6031	0.6031	0.1533	0.1629	0.1819
images	0.3048	0.3190	0.3190	0.2905	0.2952	0.2952
glass	0.6675	0.7000	0.6855	0.5461	0.5506	0.5240
audiology	0.5045	0.8198	0.8198	0.3974	0.4334	0.4557
heart	0.5412	0.5412	0.5412	0.1218	0.1218	0.1218
solar	0.8855	0.8640	0.8483	0.7925	0.8139	0.6469
soybean	0.9398	0.9428	0.9355	0.8536	0.8653	0.8404
vehicle	0.2895	0.2989	0.2989	0.3002	0.3013	0.3013
anneal	0.9254	0.9599	0.9599	0.8508	0.8530	0.8408
平均值	0.6109	0.6477	0.6451	0.4817	0.4955	0.4712

5.5.6 实验总结

通过开展汽轮机多类振动故障诊断以及 14 个 UCI 算法评价数据集上的类间干扰抑制实验,我们对提出的基于两类分类器设计的多类问题类间干扰抑制方法进行了深入系统地评价,得出结论如下。

(1) 与常规粗糙集方法相比,基于两类分类器设计的类间干扰抑制方法明显地提高了粗糙集方法在多类问题处理时的分类精度,这说明提出的方法能够有效地抑制多类问题的类间干扰,提高粗糙集方法的泛化性能。

(2) 在进行多类问题处理时,基于一对一的两类分类器构建方法明显优于基于一对多的方法，基于分类决策结果评分指标的分类器协同决策策略明显优于基于分类决策可信度和支持度评分指标的策略，因此，基于一对一的两类分类器构建策略和基于分类决策结果投票的分类器协同决策策略能够作为基于两类分类器设计的多类问题类间干扰抑制方法的最佳配置。

(3) 某些类故障的关键征兆被认为是冗余征兆而被删除是多类问题产生类间干扰的根本原因。保留全部属性的方法能够保留每类故障的关键征兆，从而能够有效地抑制多类问题的类间干扰，提高常规粗糙集方法的泛化性能。虽然该方法简单易行，但是该方法并非多类问题类间干扰的最佳解决方案，主要原因如下：一方面保留全部属性的方法获得的性能不如基于一对一的类间干扰抑制方法，另一方面该方法不对故障征兆进行约简，从而势必增加故障诊断过程中征兆获取的代价。

(4) 借助两类与一类支持向量机的对比实验，能够发现一类分类器的性能明显差于两类分类器，尽管基于一类分类器设计的方法原则上能够彻底消除多类问题的类间干扰，然而考虑到其较差的性能以及在粗糙集方法中实现的难度，基于一类分类器设计的方法不适合对多类问题的类间干扰进行处理，从而证实了基于两类分类器设计的类间干扰抑制方法是最佳的选择。

5.6 本章小结

针对常规粗糙集方法在处理多类问题时存在的类间相互干扰，从类间干扰发生的本质，即某些类故障的关键征兆被认为是冗余征兆而被删除出发，通过对几种候选处理方法进行分析和比较，提出了基于两类分类器设计的类间干扰抑制方法。考虑到提出的方法在解决多类问题类间干扰时可能存在多种分类器构建和分类器协同决策策略，进一步设计了基于一对一和一对多的两类分类器构建算法以及基于分类决策结果、分类决策可信度和分类决策支持度评分指标的分类器协同决策算法。为了对提出方法的性能进行评价，首先通过开展汽轮机多类振动故障诊断的类间干扰抑制实验，分析了基于两类分类器设计的类间干扰抑制方法对多类问题类间干扰抑制的机理；然后利用 14 个 UCI 算法评价数据集，对提出方法的各种分类器构建和分类器协同决策策略进行了比较，并且对保留全部属性的方法以及基于一类和两类分类器的方法的性能进行了评价，通过实验验证了基于两类分类器设计的类间干扰抑制方法能够有效地抑制多类问题的类间干扰，提高粗糙集方法在处理多类问题时的泛化性能，并且基于一对一的两类分类器构建策略和基于分类决策结果评分指标的分类器协同决策策略能够获得最好的性能，可以作为基于两类分类器设计的类间干扰抑制方法的最佳配置。

第 6 章　故障诊断中类不平衡问题处理的加权粗糙集方法

6.1　概　　述

在工业生产过程中，不同故障发生的概率通常具有相当大的差异，故障发生概率的差异直接导致人们对各类故障实例的获取存在明显的难易程度差异，从而使得获取的故障实例通常存在明显的类不平衡现象。当故障实例的类分布存在不平衡时，常规粗糙集方法对少数类新故障实例通常具有较差的泛化性能，然而，在实际故障诊断中，少数类故障往往是人们更关心的，通常更重要，因此，有必要提高粗糙集方法对少数类新故障实例的泛化性能。

对于类不平衡问题，一个公认的解决办法是引入关于数据的先验知识来平衡一个数据集的类分布，使得少数类数据样本中蕴含的知识得以强化，从而提高一个机器学习方法对少数类新故障实例的泛化性能[224,225]。利用 Slezak 等[246]和 Hu 等[247]提出的概率粗糙集模型，将关于数据的先验知识融入概率度量中，能够在粗糙集方法中考虑关于数据的先验知识，然而在实际应用中，这种做法的困难是概率通常难以确定。Ma 等[193]将权引入可变精度粗糙集模型中代表每个数据样本的先验知识，并且示例性地分析了权对可变精度粗糙集模型属性约简的影响，显然，这种方法克服了上述概率粗糙集模型中概率难以确定的困难。尽管上述两种方法提供了可以在粗糙集方法中考虑先验知识的思路，但是他们都未开展系统的算法和应用研究，更没有关注对类不平衡问题的处理。为了处理类不平衡问题，Stefanowski 等[194]将过滤和移除技术引入粗糙集方法中，通过将边界域中来自多数类的数据样本标记为少数类或者删除，加强了少数类数据样本中蕴含的知识，实验结果表明这些技术改善了粗糙集方法对少数类新数据样本的泛化性能，并且过滤技术获得了更好的性能，然而，这些技术仅仅将关于数据样本的先验知识引入边界域而并非整个样本集，因此，只能用来改善粗糙集方法对边界域中少数类新数据样本的泛化性能。

由此可见，对于类不平衡问题的处理，在粗糙集方法中尚未被深入、系统地研究。在机器学习领域中，目前已经提出了许多类不平衡问题的处理技术，如重采样[227,229-231]、样本加权[239,240]以及基于一类分类器的方法[243-245]。为了提高粗糙集方法对故障诊断中少数类新故障实例的泛化性能,本章首先对机器学习领域中广泛使用的几种类不平衡问题处理技术进行综合分析和比较;然后,在此基础上,将样本加权技术引入粗糙集方法中,提出了基于加权粗糙集的类不平衡问题处理方法;最后,通过引入类不平衡问题的性能评价指标,利用汽轮机振动故障诊断以及 16 个 UCI 算法评价数据集上的类不平衡问题处理实验,验证提出方法的有效性。

6.2 类不平衡问题处理的基本方法

6.2.1 数据重采样

数据重采样是一种流行的类不平衡问题处理方法,它通过过采样少数类或欠采样多数类来平衡一个数据集的类分布,然后,基于这些重采样的数据,一个常规的机器学习方法能够被直接用来对类不平衡问题进行处理[226-233]。

假设第 i 类含有 N_i 个数据样本,$N_{\min}$ 是最小类中数据样本的数目,$N_{\max}$ 是最大类中数据样本的数目,则基于过采样方法,第 i 类将有 N 个数据样本过采样,即第 i 类将有 N 个数据样本要复制:

$$N = N_{\max} - N_i \tag{6-1}$$

尽管许多研究显示过采样方法对于类不平衡问题的处理是有效的[225, 234],但是,由于过采样方法在训练数据集中引入了大量精确复制的数据样本,所以它通常显著地增加训练时间,并且可能导致过拟合,一些研究指出该方法在某些情况下不能获得满意的类不平衡问题处理效果[265]。

若利用欠采样方法,则第 i 类将有 N 个数据样本欠采样,即第 i 类将有 N 个数据样本要删除:

$$N = N_i - N_{\min} \tag{6-2}$$

由于在对数据样本进行欠采样过程中可能会删除一些潜在有用的数据样本,所以欠采样方法通常会降低一个机器学习方法的性能,许多研究显示,该方法获得的性能差于过采样方法[226]。然而,也有研究显示,欠采样方法在某些情况下对类不平衡问题的处理是有效的,特别是对于大数据集,该方法能够获得比过采样方法更好的性能[265]。

在多数类和少数类数据样本相差特别悬殊的情况下,单纯使用过采样或欠采样方法都将导致过多的数据样本被复制或删除,从而使得这两种方法各自的缺点表现得更为明显,因此,可以将两种方法结合起来,进行中值采样,即分别针对多数类和少数类，同时进行欠采样和过采样，使得每类数据样本的数目都等于多数类和少数类数据样本的中值。

若使用中值采样方法，定义多数类和少数类数据样本的中值为 $N_{\text{mean}} = \dfrac{N_{\max} + N_{\min}}{2}$，则当 $N_i \leq N_{\text{mean}}$ 时，第 i 类将有 N 个数据样本过采样，反之第 i 类将有 N 个数据样本欠采样：

$$N = \begin{cases} N_{\text{mean}} - N_i, & N_i \leq N_{\text{mean}} \\ N_i - N_{\text{mean}}, & N_i > N_{\text{mean}} \end{cases} \tag{6-3}$$

在对数据样本进行重采样时，可以采用随机方法来完成，即通过随机的方式确定哪一个数据样本重采样；也可以采用确定方法来完成，如利用综合少数类过采样技术(synthetic minority oversampling technique，SMOTE)、Tomek 链和 Wilson 改进最近邻规则等方法来确定要重采样的数据样本[226]。尽管随机重采样方法是这些方法中最简单的一种方法，但是研究显示该方法获得的性能能够与其他复杂的重采样方法相媲美[226-228]。

6.2.2 样本加权

重采样方法对类不平衡问题的处理是通过在数据层次上对数据集的类分布进行平衡来实现的，因此，基于重采样方法，一个常规的机器学习方法能够被直接用来对类不平衡问题进行处理。然而，在重采样方法中，欠采样可能会忽略潜在有用的多数类数据样本；而过采样不仅增加训练时间，可能导致过拟合，而且不能平等地对数据样本进行复制，即某些数据样本可能复制多次，而有些可能不被复制。为了弥补重采样方法存在的上述不足，可以采用样本加权方法在算法层次上对数据集的类分布进行平衡[234,242]。对于样本加权方法，数据集类分布的改变是通过对数据样本权值的调整来实现的，不真正地删除或复制数据样本，因此，能够避免重采样方法存在的不足。为了接收数据样本的权值输入，目前许多标准的机器学习方法已经被改进，一些典型的加权方法如加权决策树[241]、加权支持向量机[237]和加权最近邻[235]等。下面将以加权决策树和加权支持向量机为例来介绍样本加权方法。

在标准的决策树方法[162]中，假设 $n_j(t)$ 是决策树节点 t 中第 j 类数据样本的数目，则该节点中第 j 类数据样本出现的概率为

$$p(j|t) = n_j(t) / \sum_i n_i(t) \tag{6-4}$$

当引入数据样本加权后,假设 $w(j)$ 为第 j 类数据样本的权,则在节点 t 中第 j 类数据样本的加权数目为

$$n_j^W(t) = w(j)n_j(t) \tag{6-5}$$

相应地,在节点 t 中第 j 类数据样本出现的加权概率为

$$p_W(j|t) = n_j^W(t) / \sum_i n_i^W(t) \tag{6-6}$$

由于决策树的整个构建过程,包括树的生成和剪枝,完全是基于概率 $p(j|t)$ 的,所以只需将概率 $p(j|t)$ 替换为加权概率 $p_W(j|t)$,利用标准的决策树算法就能够考虑数据样本的权值,从而得到加权决策树算法[241]。

假设 $U = \{x_1, x_2, \cdots, x_n\}$ 为数据样本集合,其中 x_i 为 m 维向量,每一维代表数据样本的一个输入属性值,$V = \{v_1, v_2, \cdots, v_n\}$ 为数据样本的输出值集合,其中 $v_i \in \{1, -1\}$,则标准的支持向量机方法[69, 70]最小化风险函数如下:

$$\begin{aligned}
&\min_{w,b,\varepsilon} \left\{ \frac{1}{2}\|w\| + C\sum_{i=1}^n \varepsilon_i \right\} \\
&\text{s.t.} \quad v_i[w \cdot \Phi(x_i) + b] \geq 1 - \varepsilon_i \\
&\qquad \varepsilon_i \geq 0, \quad i = 1, 2, \cdots, n
\end{aligned} \tag{6-7}$$

式中,$\frac{1}{2}\|w\|$ 代表支持向量机方法的复杂度;$\sum_{i=1}^n \varepsilon_i$ 代表分类误差,即支持向量机方法的经验风险,其中,$2/\|w\|$($\|w\|/2$ 的倒数)代表分类间隔,ε_i 代表每个数据样本对应的分类误差,$C > 0$ 是一个作用在数据样本上的误分类惩罚项,对支持向量机方法的复杂度和经验风险进行折中,$\Phi(\cdot)$ 是一个核函数,负责将数据样本非线性地映射到高维特征空间。

从式(6-7)给出的风险函数可以看出,标准的支持向量机方法等同地对待每类数据样本的分类错误,为了考虑关于数据的先验知识,可以为每类数据样本赋予不同的权值,相应地,式(6-7)给出的风险函数能够重新定义为如下的加权风险函数:

$$\min_{w,b,\varepsilon} \left\{ \frac{1}{2}\|w\| + C\left(w_1 \sum_{v_i=1} \varepsilon_i + w_{-1} \sum_{v_j=-1} \varepsilon_j \right) \right\} \tag{6-8}$$

式中,w_1 代表类别 1 赋予的样本加权;w_{-1} 代表为类别 -1 赋予的样本加权。

通过最小化式(6-8)给出的加权风险函数，便能够在支持向量机方法中考虑每类数据样本的权值，得到加权支持向量机方法[237]。

当对数据样本进行逆类概率加权时，即当数据集中第 i 类数据样本的数目为 n_i，该类数据样本的权值取为 $w_i = 1/n_i$ 时，利用这些加权方法能够在算法层次上使数据集的类分布得到绝对平衡，从而能够实现对类不平衡问题的处理。与重采样方法相比，尽管样本加权方法需要对标准的机器学习方法进行修改，然而该方法弥补了重采样方法存在的不足，大量的研究显示样本加权方法通常能获得比重采样方法更好的性能[225, 234]。

6.2.3 基于一类分类器的方法

前面两节描述的数据重采样和样本加权方法对类不平衡问题的处理是通过在数据或者算法层次上对数据集的类分布进行平衡来实现的，其核心思想是加强少数类或者削弱多数类，从而使得少数类数据样本中蕴含的知识不会被忽略。

为了避免少数类数据样本中蕴含的知识被忽略，另一个重要的处理方法是使用一类分类器[210, 214, 215]。由于一类分类器可以针对少数类和多数类进行单独地构建分类器，各类之间不存在相互影响，所以少数类数据样本中蕴含的知识不会因为数据集的类分布不平衡而被忽略。许多研究显示，基于一类分类器的方法能够改善对少数类新数据样本的泛化性能[243-245]。

然而，由于一类分类器在定义分类边界时仅利用目标类的信息，不像多类分类器可以利用更多的其他类信息，所以通常情况下其获得的性能难以与多类分类器相媲美[217]。另外，由 5.3.2 节的分析可知，一类分类器在粗糙集方法中的实现是比较困难的，因此，在利用粗糙集方法进行类不平衡问题处理时，基于一类分类器的方法是不适合的。

6.3 加权粗糙集模型

从前面的分析可知，样本加权是一种有效的类不平衡问题处理方法，为了利用粗糙集方法进行类不平衡问题的处理，我们将样本加权引入粗糙集方法中，从而提出加权粗糙集模型。

考虑数据样本加权后，一个加权信息系统能够被定义为如下的五元组：WIS $= <U, A, W, V, f>$，其中，$U = \{x_1, x_2, \cdots, x_n\}$ 为研究对象的有限集合，即论域；$A = \{a_1, a_2, \cdots, a_m\}$ 为描述对象的属性所组成的有限集合，称为属性集；$W = \{w(x_1), \cdots, w(x_i), \cdots, w(x_n)\}$ 为对象集 U 上的权值集合；$V = \bigcup_{a \in A} V_a$ 为属性集 A 的值域，V_a 为属性 $a \in A$ 的值域；$f: U \times A \to V$ 为信息函数，表示对每一个

$x \in U, a \in A, f(x,a) \in V_a$。当加权信息系统 WIS 中属性集 $A = C \cup D, C \cap D \neq \varnothing$，其中 C 为条件属性集，D 为决策属性集时，加权信息系统称为加权决策表。

对于给定的加权信息系统 WIS $=<U,A,W,V,f>$，对象集 U 上的权值集合 W 用来代表关于数据样本的先验知识，这些引入的权不会改变一个常规信息系统的等价关系，因此，不会改变任意对象子集 $X \subseteq U$ 的上、下近似，然而，这些引入的权会影响 X 的近似精度和近似质量。

对于加权信息系统 WIS $=<U,A,W,V,f>$，设 $X \subseteq U$，$B \subseteq A$，且 X 的上、下近似分别为 $\overline{B}(X)$ 和 $\underline{B}(X)$，则 X 相对于 B 的加权近似精度定义为

$$\alpha_B^W(X) = \frac{|\underline{B}(X)|_W}{|\overline{B}(X)|_W} \tag{6-9}$$

X 相对于 B 的加权近似质量定义为

$$\gamma_B^W(X) = \frac{|\underline{B}(X)|_W}{|X|_W} \tag{6-10}$$

式中，$|\cdot|_W$ 代表集合的加权基数，$|X|_W = \sum_{x \in X} w(x)$。

通过与式(2-5)和式(2-6)给出的常规近似精度及近似质量相比可以发现，式(6-9)和式(6-10)定义的加权近似精度及加权近似质量是基于集合的加权基数的，通过使用集合的加权基数，关于数据样本的先验知识能够被考虑在这些度量中。相似地，对于加权决策表，我们也能够基于集合的加权基数定义决策属性对条件属性的加权依赖度。

对于加权决策表 WIS $=<U,A = C \cup D,W,V,f>$，决策属性集 D 确定了 U 的一个分类 U/D，设 $B \subseteq C$，分类 U/D 的 B 正域为 $\text{POS}_B(D)$，则分类 U/D 相对于 B 的加权近似精度定义为

$$\alpha_B^W(D) = \frac{|\text{POS}_B(D)|_W}{\sum_{X \in U/D} |\overline{B}(X)|_W} \tag{6-11}$$

分类 U/D 相对于 B 的加权近似质量定义为

$$\gamma_B^W(D) = \frac{|\text{POS}_B(D)|_W}{|U|_W} \tag{6-12}$$

加权近似质量 $\gamma_B^W(D)$ 也定义为决策属性 D 对条件属性 B 的加权依赖度。当

$\gamma_B^W(D)=1$ 时,称 D 完全依赖于 B;当 $0<\gamma_B^W(D)<1$ 时,称 D 部分依赖于 B;当 $\gamma_B^W(D)=0$ 时,称 D 完全独立于 B。

对于 $B\subseteq C$, $a\in B$,如果 $\gamma_{B-\{a\}}^W(D)=\gamma_B^W(D)$,则称 a 为 B 中 D 冗余的;否则称 a 为 B 中 D 必要的。如果每一个 $a\in B$ 都为 B 中 D 必要的,则称 B 为 D 独立的。如果 B 为 D 独立的,且 $\gamma_B^W(D)=\gamma_C^W(D)$,则称 B 为 C 的一个 D 相对约简。

对于加权决策表 $WIS=<U,A=C\cup D,W,V,f>$,当考虑数据样本加权后,提取规则的支持度、可信度和覆盖度也将发生变化。设 r 为提取的决策规则:$\mathrm{DES}(X,B)\Rightarrow\mathrm{DES}(Y,D)$,其中 $B\subseteq C$, $X\in U/B$, $Y\in U/D$,则决策规则 r 的加权支持度定义为

$$\mu_{\sup}^W(r)=\frac{|X\cap Y|_W}{|U|_W} \quad (6\text{-}13)$$

决策规则 r 的加权可信度定义为

$$\mu_{\mathrm{cer}}^W(r)=\frac{|X\cap Y|_W}{|X|_W} \quad (6\text{-}14)$$

决策规则 r 的加权覆盖度定义为

$$\mu_{\mathrm{cov}}^W(r)=\frac{|X\cap Y|_W}{|Y|_W} \quad (6\text{-}15)$$

从上述分析可以看出,当考虑数据样本加权后,尽管信息系统的等价关系和粗糙集的上、下近似等不会受到影响,但是这些引入的权改变了近似精度、近似质量、属性依赖度、规则支持度、可信度、覆盖度等相关评价系数,而这些评价系数的改变将会直接影响粗糙集方法的属性约简、规则提取和分类决策,因此,通过数据样本加权能够将关于数据样本的先验知识引入粗糙集方法中。

6.4 基于加权粗糙集的类不平衡问题处理方法

6.4.1 加权属性约简

从前面的分析可知,当考虑数据样本加权后,决策属性对条件属性的依赖度将发生变化,因此,属性的重要度也将发生变化。

对于加权决策表 $WIS=<U,A=C\cup D,W,V,f>$,设 $B\subseteq C$, $a\in C-B$,则基于决策属性对条件属性的加权依赖度,a 在当前条件属性集 B 基础上相对于决策

属性 D 的加权重要度定义为

$$\text{SIG}_\gamma^W(a,B,D) = \gamma_{B\cup\{a\}}^W(D) - \gamma_B^W(D) \tag{6-16}$$

加权属性重要度反映的是在考虑数据样本先验知识的情况下，一个新属性在现有属性集的基础上提供的精确分类知识的多少，属性重要度越大表示该属性对分类决策越重要。基于式(6-16)给出的加权属性重要度，类似算法 2-1 描述的常规属性约简算法，能够设计加权属性约简算法如算法 6-1 所示。

算法 6-1 加权属性约简算法
输入：加权决策表 WIS $=<U,A=C\cup D,W,V,f>$ 和算法停止域值 ε
输出：C 的一个 D 相对约简 B
begin
    计算决策属性对条件属性的最大加权依赖度 $\gamma_C^W(D)$；
    $B \leftarrow \varnothing$；
    while $B \subset C$ do
    begin
        for 每一个 $a \in C-B$ do
            计算 $\text{SIG}_\gamma^W(a,B,D)$；
        选择使 $\text{SIG}_\gamma^W(a,B,D)$ 最大的属性 a，若同时有多个属性满足，从中选取一个与 B 属性值组合数最少的属性；
        $B \leftarrow B \cup \{a\}$；
        if $\gamma_C^W(D) - \gamma_B^W(D) \leqslant \varepsilon$ then 退出循环；
    end
    for 每一个 $a \in B$ do
        if $\gamma_C^W(D) - \gamma_{B-\{a\}}^W(D) \leqslant \varepsilon$ then
            $B \leftarrow B - \{a\}$；
    输出 B；
end

从式(6-12)给出的加权依赖度的定义可以看出，加权依赖度仅仅反映了在正域意义下决策属性对条件属性的依赖性程度，它完全忽略了边界域中可能存在的差异，因此，式(6-16)给出的加权属性重要度指标也就无法考虑边界域中存在的差异。为了克服上述属性重要度指标存在的不足，可以从信息论的角度，引入和扩展加权熵来实现。

在信息论中，香农熵是一个重要的信息不确定性度量工具，目前许多学者已经将香农熵引入粗糙集方法中，利用香农熵来度量属性的重要性，并开展了基于香农熵的属性约简研究[127, 131]。然而，香农熵不能考虑关于数据样本的先验知识，为了将关于数据样本的先验知识引入香农熵度量中，Guiasu[266]提出了加权熵，然而，遗憾的是他没有给出加权条件熵和加权联合熵。为此，我们将引入和扩展 Guiasu 加权熵，利用 Guiasu 加权熵来度量属性的重要性，从而设计基于加权熵的属性约简算法。

为了引入和扩展 Guiasu 加权熵，首先定义对象集合的权。

设 X 和 Y 是 U 的两个子集，$p(X)$、$p(Y)$ 和 $p(X \cup Y)$ 分别是集合 X、Y 和 $X \cup Y$ 的概率，$w(X)$、$w(Y)$ 和 $w(X \cup Y)$ 分别是集合 X、Y 和 $X \cup Y$ 的权，如果 $X \cap Y = \varnothing$，则 $w(X \cup Y)$ 定义为

$$w(X \cup Y) = \frac{w(X)p(X) + w(Y)p(Y)}{p(X \cup Y)} \tag{6-17}$$

设 X 和 Y 是 U 的两个子集，$w(X)$ 和 $w(Y)$ 分别是集合 X 和 Y 的权，则 Y 在给定集合 X 情况下的条件权被定义为

$$w(Y \mid X) = \frac{w(X \cap Y)}{w(X)} \tag{6-18}$$

对于加权决策表 WIS $=<U, A = C \cup D, W, V, f>$，设 $B \subseteq C$，则由 B 和 D 分别诱导的对 U 的划分 $U/B = \{X_1, X_2, \cdots, X_n\}$ 和 $U/D = \{Y_1, Y_2, \cdots, Y_m\}$ 能够看作 δ-代数中的两个随机变量 Π_B 和 Π_D，Π_B 和 Π_D 的加权概率分布分别表示为

$$(\Pi_B; P; W) = \begin{pmatrix} X_1 & X_2 & \cdots & X_n \\ p(X_1) & p(X_2) & \cdots & p(X_n) \\ w(X_1) & w(X_2) & \cdots & w(X_n) \end{pmatrix} \tag{6-19}$$

和

$$(\Pi_D; P; W) = \begin{pmatrix} Y_1 & Y_2 & \cdots & Y_m \\ p(Y_1) & p(Y_2) & \cdots & p(Y_m) \\ w(Y_1) & w(Y_2) & \cdots & w(Y_m) \end{pmatrix} \tag{6-20}$$

Π_B 的 Guiasu 加权熵也称为 B 的 Guiasu 加权熵，定义为

$$H_W(B) = -\sum_{i=1}^{n} w(X_i) p(X_i) \log_2 p(X_i) \tag{6-21}$$

Guiasu 加权熵 $H_W(B)$ 代表在考虑数据样本先验知识 W 的情况下划分 Π_B 的不确定性。

由式(6-21)可以看出，当 $w(X_1) = w(X_2) = \cdots = w(X_n) = w$ 时，即所有对象集的权都相等时，Guiasu 加权熵退化为香农熵；对 $\forall i \in I$，$p(X_i) = 0$ 且 $w(X_i) > 0$，而对 $\forall j \in J$，$p(X_i) > 0$ 且 $w(X_i) = 0$，其中 $I \bigcup J = \{1, 2, \cdots, n\}$，$I \bigcap J = \emptyset$，则 $H_W(B) = 0$，即在 B 诱导的划分中，我们感兴趣的那些对象集实际不存在，而实际存在的那些对象集我们又不感兴趣，因此 B 不会为我们提供任何感兴趣的信息。显然，通过引入数据样本加权，Guiasu 加权熵能够用来考虑关于数据样本的先验知识。

基于 Guiasu 加权熵，定义加权条件熵和加权联合熵如下。

对于加权决策表 WIS $=<U, A = C \bigcup D, W, V, f>$，设 $B \subseteq C$，则决策属性集 D 在给定条件属性集 B 情况下的加权条件熵定义为

$$\begin{aligned} H_W(D|B) &= -\sum_{i=1}^{n}\sum_{j=1}^{m} w(X_i \bigcap Y_j) p(X_i \bigcap Y_j) \log_2 p(Y_j | X_i) \\ &= -\sum_{i=1}^{n} w(X_i) p(X_i) \sum_{j=1}^{m} w(Y_j | X_i) p(Y_j | X_i) \log_2 p(Y_j | X_i) \end{aligned} \tag{6-22}$$

决策属性集 D 和条件属性集 B 的加权联合熵定义为

$$H_W(B, D) = -\sum_{i=1}^{n}\sum_{j=1}^{m} w(X_i \bigcap Y_j) p(X_i \bigcap Y_j) \log_2 p(X_i \bigcap Y_j) \tag{6-23}$$

加权条件熵 $H_W(D|B)$ 代表在考虑数据样本先验知识 W 并且给定 Π_B 的情况下划分 Π_D 的不确定性，而加权联合熵 $H_W(B, D)$ 代表在考虑数据样本先验知识 W 的情况下 B 和 D 联合诱导的划分 $\Pi_{B \cup D}$ 的不确定性。

基于式(6-17)，容易证明 Guiasu 加权熵与新定义的加权条件熵和加权联合熵三者满足熵的基本关系式：$H_W(B, D) = H_W(B) + H_W(D|B)$。

对于加权决策表 WIS $=<U, A = C \bigcup D, W, V, f>$，设 $B \subseteq C$，$a \in C - B$，则基于式(6-22)定义的加权条件熵，a 在当前条件属性集 B 基础上相对于决策属性 D 的加权重要度定义为

$$\text{SIG}_H^W(a, B, D) = H_W(D|B) - H_W(D|B \bigcup \{a\}) \tag{6-24}$$

对式(6-24)定义的加权属性重要度进行分析可以发现，$\text{SIG}_\gamma^W(a, B, D)$ 反映的是在考虑数据样本先验知识 W 的情况下，将一个新属性 a 加入现有属性集 B 时，引起分类 Π_D 的不确定性降低的程度，即反映了 a 在现有属性集 B 基础上提供的分类信息的多少，属性重要度越大表示该属性对分类决策越重要。

基于式(6-24)给出的加权属性重要度指标,将算法 6-1 中的加权属性重要度 $\mathrm{SIG}_\gamma^W(a,B,D)$ 替换为 $\mathrm{SIG}_H^W(a,B,D)$,并将加权依赖度相应地替换为加权条件熵,我们能够得到基于加权熵的属性约简算法,从而能够在属性约简过程中考虑粗糙集边界域中存在的差异。

6.4.2 加权规则提取

从算法 2-2 描述的 LEM2 规则提取算法可以看出,常规粗糙集方法在进行规则提取时,将规则的候选基本前件 ϕ 所覆盖的数据样本子集与给定的数据样本集 G 的交集 $|[\phi]\cap G|$ 作为启发式条件,通过递归地选取使 $|[\phi]\cap G|$ 最大的 ϕ 来生成规则。显然,选择不同的启发式条件将会得到不同的规则。为了在规则提取过程中考虑关于数据样本的先验知识,可以基于集合的加权基数,将 $|[\phi]\cap G|$ 替换为加权的启发式条件 $|[\phi]\cap G|_W$,从而得到基于 LEM2 的加权最小规则提取算法如算法 6-2 所示。

算法 6-2 基于 LEM2 的加权最小规则提取算法
输入:泛化决策对应的对象子集 K
输出:提取的最小规则集 R
begin
  $G \leftarrow K, R \leftarrow \varnothing$;
  while $G \neq \varnothing$ do
  begin
    $\Phi \leftarrow \varnothing$;
    $\Phi_G \leftarrow \{\phi \mid [\phi]\cap G \neq \varnothing\}$;
    while $(\Phi = \varnothing)$ or $(\text{not } [\Phi]\subseteq K)$ do
    begin
      对于每一个 $\phi \in \Phi_G$,选择使 $|[\phi]\cap G|_W$ 最大的 ϕ,若同时有多个 ϕ 满足,从中选择使 $|[\phi]|_W$ 最小的 ϕ;
      $\Phi \leftarrow \Phi \cup \{\phi\}$;
      $G \leftarrow [\phi]\cap G$;
      $\Phi_G \leftarrow \{\phi \mid [\phi]\cap G \neq \varnothing\}$;
      $\Phi_G \leftarrow \Phi_G - \Phi$;
    end
    for 每一个 $\phi \in \Phi$ do
      if $[\Phi-\{\phi\}]\subseteq K$ then $\Phi \leftarrow \Phi-\{\phi\}$;
    基于 Φ 生成规则 r;

> $R \leftarrow R \cup \{r\}$;
> $G \leftarrow K - \bigcup_{r \in R}[r]$;
>   end
>   for 每一个 $r \in R$ do
>   if $\bigcup_{s \in R-\{r\}}[s] = K$ then $R \leftarrow R-\{r\}$;
> end

利用算法 6-2 给出的加权最小规则提取算法，能够在考虑数据样本先验知识的情况下启发式地得到一个覆盖全部数据样本的最小规则集，尽管从数据样本集中还可能提取出更多的规则，但是该算法不对这些规则进行提取，因此，利用算法 6-2 不能获取数据样本集中蕴含的全部知识。Stefanowski 等[157]提出的全部规则提取算法能够用来获取数据样本集中蕴含的全部知识，与算法 6-2 得到的最小规则集不同的是，全部规则集中不仅包含强规则，而且包含大量的弱规则和冗余规则，因此，通常情况下，全部规则集中规则的数目要远远大于最小规则集，而在对数据样本集中蕴含的全部规则进行提取时，往往也需要占用巨大的时空资源。然而，由于全部规则集能够提供比最小规则集更为丰富的信息，所以利用全部规则集通常能够获得更好的性能[152, 161]。算法 6-3 给出了 Stefanowski 等[157]提出的全部规则提取算法。

算法 6-3 全部规则提取算法
输入：泛化决策对应的对象子集 K
输出：提取的全部规则集 R

> begin
> $R \leftarrow \varnothing$;
>   for 每一个规则基本前件 ϕ do
>   begin
>   if $[\phi]_K^+ = \varnothing$ then 去除 ϕ ;
>   if $[\phi]_K^+ \neq \varnothing$ and $[\phi]_K^- = \varnothing$ then
>   begin
>   基于 ϕ 生成规则 r ;
> $R \leftarrow R \cup \{r\}$;
>   去除 ϕ ;
>   end
>   end
>   将所有被保留的规则基本前件生成一个序列 $S = \{\phi_1, \phi_2, \cdots, \phi_n\}$;
>   while 序列 S 不为空 do

```
begin
    去除序列 S 中的第一个元素,并将该元素记为 Φ;
    假设 h 是 Φ 中规则基本前件的最大下标,基于 Φ,生成规则基本前件连接的集合
    Θ = {Φ ∧ φ_{h+1}, Φ ∧ φ_{h+2}, ···, Φ ∧ φ_n};
    for 每一个 Φ' ∈ Θ do
    begin
        if [Φ']_K^+ = ∅ then Θ ← Θ - {Φ'};
        if [Φ']_K^+ ≠ ∅ and [Φ']_K^- = ∅ then
        begin
            if Φ' 是最小的(Φ' ← Φ' - {φ'}, ∀φ' ∈ Φ', 则 [Φ']_K^- ≠ ∅) then
            begin
                基于 Φ' 生成规则 r;
                R ← R ∪ {r};
            end
            Θ ← Θ - {Φ'};
        end
    end
    将 Θ 中所有剩余的元素增加到序列 S 的尾部;
end
end
```

6.4.3 加权决策

由 6.3 节描述的加权粗糙集模型可知,考虑数据样本加权后,提取规则的支持度、可信度和覆盖度将发生变化,这将直接影响粗糙集方法对新数据样本的分类决策结果。

借鉴 2.4 节描述的基于规则支持度进行多数投票的分类决策算法,基于规则的加权支持度,能够设计如下的加权决策算法。

假设新对象与 n 条规则 $r_1, r_2, \cdots, r_n$ 相匹配,输出 m 个决策 $d_1, d_2, \cdots, d_m$,则基于规则的加权支持度,匹配规则对决策 d_i 的加权投票为

$$\text{Vote}^W(d_i) = \sum_{r_j \to d_i} \mu_{\sup}^W(r_j) \tag{6-25}$$

式中,$r_j \to d_i$ 代表规则 r_j 输出的分类决策为 d_i。

基于式(6-25)给出的匹配规则对每一决策加权投票,从中选择具有最大加权投

票数的决策,将新对象分类,从而得到基于加权支持度多数投票的分类决策算法。

除此以外,还可以基于最大可信度来设计分类决策算法。考虑数据样本加权后,基于规则的加权可信度,能够设计基于最大加权可信度的分类决策算法如下。

假设新对象与 n 条规则 $r_1, r_2, \cdots, r_n$ 相匹配,规则 r_i 的加权可信度和加权支持度分别为 $\mu_{\text{cer}}^W(r_i)$ 和 $\mu_{\text{sup}}^W(r_i)$。为了对新对象进行分类决策,可以选择具有最大加权可信度的规则对应的决策作为新对象的分类决策结果,如果具有最大加权可信度的规则为多条,则选择其中加权支持度最大的规则对应的决策作为新对象的分类决策结果,基于这一分类决策原则,能够得到基于最大加权可信度的分类决策算法。

6.5 类不平衡问题处理的性能评价

对于分类器性能的评价,一个最直接的方法是基于混淆矩阵分析。表 6-1 给出了一个具有正负类别值的两类问题的混淆矩阵,在本章中,将少数类定义为正类,将多数类定义为负类。基于表 6-1 给出的混淆矩阵,能够构造出许多分类器性能的评价指标,其中最广为使用的指标如分类精度 $\text{Acc} = \dfrac{TP+TN}{TP+FN+FP+TN}$ 和错误率 $\text{Err} = \dfrac{FP+FN}{TP+FN+FP+TN} = 1 - \text{Acc}$。

表 6-1 两类问题的混淆矩阵

类别	正类预测	负类预测
正类	真正类样本数(TP)	假负类样本数(FN)
负类	假正类样本数(FP)	真负类样本数(TN)

尽管分类精度和错误率已经被广泛地用于对分类器的性能进行评价,但是这两个指标存在如下不足。

(1) 当数据集的类分布存在严重不平衡时,分类精度和错误率可能会得出误导的评价结果,这是因为这两个性能评价指标强烈地偏向于多数类。举例来说,对于一个多数类数据样本占 99%的分类问题,通过简单地预测每一个新数据样本为多数类,能够直接构建一个分类精度为 99%的分类器,然而这样一个分类器并不是我们真正想要的,因为它对少数类数据样本没有任何分类能力。

(2) 分类精度和错误率平等地对待各类的分类错误,而在许多实际问题中,各类的分类错误通常具有不同的误分类代价。举例来说,在故障诊断中,将发生故障的设备诊断为正常可能会导致致命的危害,而如果将运行正常的设备诊断为故障所付出的代价将会小得多,因为这样的错误可以在进一步的检验中纠正。

(3) 即使分类器的性能不发生任何变化，分类精度和错误率也会随着数据集类分布的改变而改变，这是因为分类精度和错误率使用了表 6-1 混淆矩阵两行中的值，当数据集的类分布发生改变时，显然这两个性能评价指标将会发生变化。

从上面的分析可以看出，一个好的分类器性能评价指标应该能够分离各类的分类错误，基于表 6-1 给出的混淆矩阵，可以演化出四个性能评价指标从而对每一类的分类性能进行独立地评价。

(1) 真正类率：$TP_{rate} = \dfrac{TP}{TP+FN}$ 是正类样本被正确分类为正类的比率，即正类的分类精度。

(2) 假正类率：$FP_{rate} = \dfrac{FP}{FP+TN}$ 是负类样本被误分类为正类的比率，即负类的错误率。

(3) 真负类率：$TN_{rate} = \dfrac{TN}{FP+TN}$ 是负类样本被正确分类为负类的比率，即负类的分类精度。

(4) 假负类率：$FN_{rate} = \dfrac{FN}{TP+FN}$ 是正类样本被误分类为负类的比率，即正类的错误率。

上述四个性能指标的优势是它们能够独立于数据集的类分布以及各类的误分类代价。显然一个分类器的最终目标是最小化假正类率和假负类率，或者相似地，最大化真负类率和真正类率。然而，对于绝大多数实际问题，假正类率和假负类率，或者真负类率和真正类率之间是相互矛盾的，因此，一般不能同时最小化或最大化。

受试者工作特征(receiver operating characteristic，ROC)图形[267]是一个将真正类率作为纵轴，将假正类率作为横轴的二维图形，它能够用来分析一个分类器获得的收益(真正类率)与付出的代价(假正类率)之间的相互关系。由于 $FP_{rate} = 1 - TN_{rate}$，因此，ROC 图形实际分析的是一个分类器的真正类率和真负类率之间的关系。图 6-1 给出了五个分类器 $A \sim E$ 对应的 ROC 图形，每个分类器在 ROC 空间中对应一个点。在 ROC 空间中，一个分类器对应的点越靠近左上角，该分类器对应的正类和负类分类精度就越高，则该分类器的性能越好，在图 6-1 中，A 的性能最好，B 和 C 次之，E 最差。另外，在 ROC 空间中，有几个重要的点值得注意：点(0, 1)代表一个能够获得最好性能的分类器，因为此时正、负类分类精度都为 1；点(0, 0)代表一个从不作出正类分类预测的分类器，利用该分类器，任何负类样本都不会被误分类，然而任何正类样本也不可能被正确分类；点(1, 1)代表一个从不作出负类分类预测的分类器，利用该分类器，任何正类样本都能被正确分类，然而任何负类样本都会被误分类；对角线 $y = x$

上的点代表具有随机性能的分类器，即这样的分类器在获得某一真正类率的同时，假正类率会随之增加到同一数值。例如，点 D (0.6, 0.6)在获得60%正类分类精度的同时，负类错误率增加为60%；如果一个分类器对应的点在对角线 $y=x$ 的左上方，则该分类器的性能好于随机性能，反之在对角线 $y=x$ 的右下方，则该分类器的性能差于随机性能，在图6-1中，$A\sim C$ 优于随机性能，E 差于随机性能。

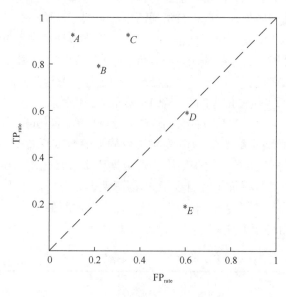

图 6-1 ROC 图形示例

ROC 图形是一个分类器性能的二维描述，为了能够更加方便地对分类器的性能进行比较，通常希望用一个标量值来代表 ROC 图形的期望性能。ROC 曲线下的面积 AUC，即由分类器对应的点、(0, 0)、(1, 0) 和 (1, 1) 这四点围成的面积，能够用来代表 ROC 图形的期望性能，更重要的是，AUC 具有许多重要的统计特性[267]，如等价于 Wilcoxon test of ranks，与 Gini 指标密切相关等。由于整个 ROC 图形的面积是 1，所以 AUC 的取值范围为 0~1，其中具有随机性能的分类器对应的 AUC 为 0.5。

通过上述分析，选用总体分类精度(Acc)、少数类分类精度(真正类率 TP_{rate})、多数类分类精度(真负类率 TN_{rate})和 AUC 这四个性能评价指标来对类不平衡问题的处理性能进行综合评价。对于多类问题，将最小类的分类精度定义为少数类分类精度，将最大类的分类精度定义为多数类分类精度，并且利用 Hand 等[268]提出的方法来计算多类问题的 AUC。

6.6 实验分析

6.6.1 实验配置

通过将样本加权引入粗糙集方法中,本章提出了基于加权粗糙集的类不平衡问题处理方法。为了对提出方法的性能进行评价,在这部分,首先开展汽轮机振动故障诊断的类不平衡问题处理实验,分析类不平衡对汽轮机振动故障诊断的影响;然后,利用 16 个 UCI 算法评价数据集,对加权粗糙集方法在进行类不平衡问题处理时的算法配置和性能进行系统地比较与评价;最后,通过改变数据样本的权值,研究加权粗糙集方法在进行类不平衡问题处理时的最佳权值选择问题。

表 6-2 给出了实验中使用的 16 个 UCI 算法评价数据集的相关信息,其中 8 个为两类数据集,8 个为多类数据集。从表 6-2 可以看出,所有数据集的类分布都是不平衡的,对于两类数据集,多数类与少数类的数据样本数目之比为 1.25～2.36;对于多类数据集,最大类与最小类的数据样本数目之比为 1.48～85.5,其中 6 个数据集的最小类数据样本数目少于 10,可见类分布严重不平衡。对数据集中含有的数值型属性,采用 Fayyad 等[104, 105]提出的递归最小熵划分方法将这些数值型属性离散为粗糙集方法能够处理的名义型属性。

表 6-2 实验数据集

序号	名称	大小	条件属性数	属性类型①		类别数	类分布
1	echocardiogram	131	7	6C	1N	2	43/88
2	heart_s	270	13	6C	7N	2	120/150
3	breast	286	9		9N	2	85/201
4	votes	435	16		16N	2	168/267
5	credit	690	15	6C	9N	2	307/383
6	breast_w	699	9	9C		2	241/458
7	tic	958	9		9N	2	332/626
8	german	1000	24	24C		2	300/700
9	zoo	101	16		16N	7	4/5/8/10/13/20/41
10	lymphography	148	18		18N	4	2/4/61/81
11	wine	178	13	13C		3	48/59/71
12	machine	209	7	7C		8	2/4×2/7/13/27/31/121
13	glass	214	9	9C		6	9/13/17/29/70/76
14	heart	303	13	6C	7N	5	13/35/36/55/164
15	soybean	683	35		35N	19	8/14/15/16/20×9/44×2/88/91×2/92
16	anneal	898	38	6C	32N	5	8/40/67/99/684

注:①其中 C 代表数值型属性,N 代表名义型属性。

6.6.2 汽轮机振动故障诊断的类不平衡问题处理实验

针对表 4-1 给出的汽轮机振动故障数据，下面研究故障数据的类不平衡对汽轮机振动故障诊断的影响。

从表 4-1 可以看出，不平衡故障包含 11 个故障实例，不对中和油膜涡动故障分别包含 10 个故障实例，转子碰摩故障包含 5 个故障实例，正常模式包含 4 个实例，显然，故障数据的类分布是不平衡的，其中转子碰摩故障和正常模式包含的实例数目较少。

表 4-4 给出了常规粗糙集方法获得的故障征兆约简和故障诊断规则，可以看出常规粗糙集方法倾向于选择多数类故障的关键征兆，并且在得到的故障诊断规则中，转子碰摩故障和正常模式的诊断规则具有较低的规则支持度，因此，当利用这样的故障诊断知识对新故障实例进行分类决策时，新故障实例将倾向于被诊断为多数类故障。

通过对表 4-1 给出的故障实例进行逆类概率加权，利用本章提出的加权粗糙集方法，能够得到故障征兆约简和故障诊断规则如表 6-3 所示。从表 6-3 可以看出，通过对数据集的类分布进行平衡，少数类故障的关键征兆被选择的可能性明显增强，并且在得到的故障诊断规则中，少数类故障诊断规则的支持度得到了明显的提高，举例来说，转子碰摩故障的关键征兆 $c3$ 在故障征兆约简过程中第一个被选择，并且转子碰摩故障和正常模式的诊断规则获得了最高的支持度。

表 6-3　加权粗糙集方法获得的规则集

序号	规则(约简：$c3 \to c2 \to c4 \to c5$)	支持度	可信度
1	$c3$(中) $\wedge$ $c5$(中) $\Rightarrow$ d(不平衡)	0.0182	1
2	$c3$(低) $\wedge$ $c4$(中) $\wedge$ $c5$(中) $\Rightarrow$ d(不平衡)	0.0182	0.4764
3	$c3$(低) $\wedge$ $c4$(中) $\wedge$ $c5$(中) $\Rightarrow$ d(不对中)	0.02	0.5236
4	$c4$(中) $\wedge$ $c5$(低) $\Rightarrow$ d(不平衡)	0.0545	1
5	$c2$(低) $\wedge$ $c4$(中) $\wedge$ $c5$(高) $\Rightarrow$ d(不对中)	0.06	1
6	$c2$(高) $\Rightarrow$ d(油膜涡动)	0.08	1
7	$c4$(高) $\Rightarrow$ d(不平衡)	0.1091	1
8	$c4$(低) $\wedge$ $c5$(中) $\Rightarrow$ d(不对中)	0.12	1
9	$c2$(中) $\wedge$ $c5$(低) $\Rightarrow$ d(油膜涡动)	0.12	1
10	$c3$(高) $\Rightarrow$ d(转子碰摩)	0.2	1
11	$c2$(低) $\wedge$ $c3$(低) $\wedge$ $c4$(低) $\wedge$ $c5$(低) $\Rightarrow$ d(正常)	0.2	1

以一个具体的故障 $x = \{$中，中，高，高，中，中，中，中$\}$ 为例，当利用表 4-4 给出的常规粗糙集方法获得的故障诊断规则进行故障诊断时，该故障实例仅与第 10 条规则：$c4(高) \Rightarrow d(不平衡)$ 匹配，因此，该故障被诊断为不平衡故障；而如果利用表 6-3 所示的加权粗糙集方法获得的故障诊断规则进行故障诊断时，该故障实例分别与第 7 条规则：$c4(高) \Rightarrow d(不平衡)$ 和第 10 条规则：$c3(高) \Rightarrow d(转子碰摩)$ 匹配，规则的支持度分别为 0.1091 和 0.2，因此该故障被诊断为转子碰摩故障。

显然，通过对故障诊断中存在的类不平衡问题进行处理，能够明显地加强少数类故障实例中蕴含的故障诊断知识，具体体现为少数类故障的关键征兆被选择的可能性明显增强，并且得到的少数类故障诊断规则的支持度显著提高，因此，当利用这样的故障诊断知识进行故障诊断时，通常能够明显地提高对少数类新故障实例的泛化性能。

6.6.3 粗糙集方法的各种类不平衡处理策略比较

对于类不平衡问题的处理，本章选择了基于样本加权的方法，从 6.3 节的描述可以看出，重采样也能够方便地用在粗糙集方法中进行类不平衡问题的处理，另外，Stefanowski 等[194]提出的基于过滤技术的类不平衡问题处理方法也被证明是有效的。为了验证样本加权方法的有效性，我们将利用表 6-2 描述的 16 个 UCI 算法评价数据集对上述这几种类不平衡问题处理策略进行比较。

实验采用十字交叉验证法，各种策略获得的少数类、多数类和总体分类精度以及 AUC 分别列在表 6-4~表 6-7 中，表中 RS 代表常规粗糙集方法；WRS 代表具有标准配置的加权粗糙集方法，其中属性约简采用算法 6-1 给出的加权属性约简算法，并且采用式(6-16)给出的基于加权依赖度的属性重要度评价指标，规则提取采用算法 6-2 给出的基于 LEM2 的加权最小规则提取算法，分类决策采用 6.5 节描述的基于加权支持度多数投票的分类决策算法，对于 WRS 中数据样本的权值，采用逆类概率加权确定；FILTER 代表 Stefanowski 等[194]提出的基于过滤技术的粗糙集方法；OS、US 和 MS 分别代表基于随机过采样、欠采样和中值采样的粗糙集方法。

表 6-4　各种策略获得的少数类分类精度

数据集	RS	WRS	FILTER	OS	US	MS
echocardiogram	0.2450	0.7350	0.2900	0.6150	0.2850	0.5900
heart_s	0.7583	0.7583	0.7583	0.7250	0.7750	0.7417
breast	0.2431	0.3847	0.2889	0.3986	0.5319	0.4708
votes	0.9585	0.9647	0.9585	0.9346	0.9643	0.9522

续表

数据集	RS	WRS	FILTER	OS	US	MS
credit	0.8013	0.8472	0.7948	0.8403	0.8439	0.8243
breast_w	0.9208	0.9418	0.9250	0.9292	0.9333	0.9418
tic	0.7927	0.8137	0.8078	0.7957	0.8562	0.8709
german	0.0267	0.9067	0.0333	0.6033	0.4500	0.6933
zoo	0.7000	0.8000	0.8000	0.8000	0.7000	0.7000
lymphography	0.3333	0.5857	0.3333	0.6167	0.3476	0.7167
wine	0.8850	0.9350	0.8850	0.9350	0.9350	0.9550
machine	0.6000	0.8000	0.6000	0.5000	0.3000	0.4000
glass	0.6000	0.7000	0.6000	0.2000	0.5000	0.5000
heart	0	0.3000	0	0.1000	0.3000	0.1500
soybean	1.0000	1.0000	1.0000	1.0000	1.0000	1.0000
anneal	1.0000	1.0000	1.0000	0.9500	1.0000	0.9750
平均值	0.6165	0.7796	0.6297	0.6840	0.6701	0.7176

表6-5 各种策略获得的多数类分类精度

数据集	RS	WRS	FILTER	OS	US	MS
echocardiogram	0.8639	0.6833	0.8639	0.6569	0.6194	0.6125
heart_s	0.8000	0.8267	0.8133	0.7800	0.7933	0.7933
breast	0.8407	0.7860	0.8307	0.8060	0.6226	0.7167
votes	0.9625	0.9738	0.9662	0.9701	0.9288	0.9662
credit	0.8252	0.8409	0.8174	0.8252	0.8250	0.8174
breast_w	0.9607	0.9672	0.9607	0.9629	0.9564	0.9540
tic	0.9361	0.9136	0.9489	0.9073	0.8882	0.9041
german	0.9843	0.3043	0.9843	0.6500	0.2886	0.5343
zoo	1.0000	1.0000	1.0000	1.0000	0.8500	0.9250
lymphography	0.8903	0.8417	0.8903	0.7667	0.6069	0.7542
wine	0.9714	0.9286	0.9714	0.9018	0.8571	0.8714
machine	0.8096	0.7429	0.8179	0.8263	0.3667	0.6846
glass	0.6946	0.6143	0.6821	0.5911	0.1018	0.5357
heart	0.8246	0.7937	0.8371	0.7750	0.5305	0.6963
soybean	0.7956	0.8611	0.7956	0.8189	0.6056	0.8067
anneal	1.0000	1.0000	1.0000	1.0000	1.0000	1.0000
平均值	0.8850	0.8174	0.8862	0.8274	0.6776	0.7858

表 6-6　各种策略获得的总体分类精度

数据集	RS	WRS	FILTER	OS	US	MS
echocardiogram	0.6566	0.7038	0.6714	0.6484	0.5077	0.6093
heart_s	0.7815	0.7963	0.7889	0.7556	0.7852	0.7704
breast	0.6644	0.6676	0.6712	0.6852	0.5954	0.6437
votes	0.9610	0.9702	0.9633	0.9564	0.9427	0.9610
credit	0.8145	0.8435	0.8072	0.8319	0.8333	0.8203
breast_w	0.9471	0.9585	0.9485	0.9513	0.9485	0.9499
tic	0.8863	0.8789	0.8998	0.8685	0.8768	0.8925
german	0.6970	0.4850	0.6990	0.6360	0.3370	0.5820
zoo	0.9200	0.9500	0.9300	0.9500	0.8309	0.9100
lymphography	0.8176	0.7767	0.8176	0.7171	0.4824	0.7033
wine	0.9373	0.9382	0.9373	0.9324	0.9157	0.9271
machine	0.6552	0.6893	0.6695	0.7024	0.4264	0.6214
glass	0.6955	0.6346	0.6909	0.6130	0.3760	0.6210
heart	0.5216	0.5381	0.5578	0.5117	0.3797	0.4755
soybean	0.8229	0.8916	0.8140	0.8843	0.7368	0.8800
anneal	1.0000	1.0000	1.0000	0.9922	0.9922	0.9978
平均值	0.7987	0.7951	0.8041	0.7898	0.6854	0.7728

表 6-7　各种策略获得的 AUC

数据集	RS	WRS	FILTER	OS	US	MS
echocardiogram	0.5544	0.7092	0.5769	0.6360	0.4522	0.6013
heart_s	0.7792	0.7925	0.7858	0.7525	0.7842	0.7675
breast	0.5419	0.5853	0.5598	0.6023	0.5773	0.5938
votes	0.9605	0.9692	0.9623	0.9523	0.9466	0.9592
credit	0.8133	0.8440	0.8061	0.8328	0.8345	0.8209
breast_w	0.9408	0.9545	0.9428	0.9460	0.9449	0.9479
tic	0.8644	0.8637	0.8783	0.8515	0.8722	0.8875
german	0.5055	0.6055	0.5088	0.6267	0.3693	0.6138
zoo	0.8970	0.9362	0.9070	0.9362	0.8367	0.9187
lymphography	0.7389	0.7658	0.7389	0.7427	0.5583	0.7531
wine	0.9474	0.9534	0.9474	0.9509	0.9397	0.9483
machine	0.6964	0.7697	0.7102	0.7009	0.6250	0.7028
glass	0.7933	0.7892	0.7921	0.7018	0.6957	0.7734
heart	0.5485	0.6048	0.5773	0.5740	0.5528	0.5672
soybean	0.9007	0.9585	0.8995	0.9552	0.8992	0.9528
anneal	1.0000	1.0000	1.0000	0.9808	0.9904	0.9931
平均值	0.7801	0.8188	0.7871	0.7964	0.7424	0.8001

从表 6-4～表 6-7 可以看出，相对于常规粗糙集方法 RS，基于样本加权、过滤技术和重采样三种类不平衡问题处理策略的方法在整体意义上都改善了少数类分类精度和 AUC，并且同时降低了多数类和总体分类精度。类不平衡问题处理的目的是在不明显降低多数类分类精度的情况下最大限度地提高少数类的分类精度，由 6.5 节描述的各种分类器性能评价指标可以看出，AUC 能够用来分析多数类和少数类分类精度之间的关系，因此，选择 AUC 作为类不平衡问题处理的主要性能评价指标，选择少数类分类精度作为补充的性能评价指标。

基于 AUC 和少数类分类精度，详细比较样本加权、过滤技术和重采样这三种类不平衡问题处理策略如下。

(1) 在所有方法中，WRS 获得了最好的性能，与 RS 相比，WRS 分别平均提高 AUC 和少数类分类精度 0.0387 和 0.1631，这说明样本加权能够明显地改善粗糙集方法在类不平衡问题处理中的性能。

(2) 在三种基于重采样策略的类不平衡问题处理方法 OS、US 和 MS 中，US 获得了最差的性能，MS 获得了最好的性能。US 获得了最差的性能是因为在实验中 US 删除了大量潜在有用的数据样本，特别是对于多类问题，经过欠采样后，其中 6 个数据集的每类数据样本数目都不足 10，信息的大量损失必然导致 US 方法的性能大幅下降。MS 通过对数据集进行中值采样，在很大程度上降低了 US 的信息损失和 OS 的过拟合程度，因此获得了最好的性能。与 RS 相比，MS 分别平均提高 AUC 和少数类分类精度 0.0200 和 0.1011。

(3) 与 RS 相比，FILTER 分别平均提高 AUC 和少数类分类精度 0.0070 和 0.0132，显然 FILTER 获得的性能改善并不明显，这是因为 FILTER 仅对边界域中的数据样本进行处理，所以只能对边界域中新数据样本的性能进行改善。

通过对样本加权、过滤技术和重采样这三种类不平衡问题的处理策略进行比较，可以发现样本加权能够获得最好的类不平衡问题处理性能，重采样次之，过滤技术最差。

6.6.4 加权粗糙集方法的各种算法配置比较

由 6.4 节加权粗糙集方法的描述可知，加权粗糙集方法在进行属性约简、规则提取和分类决策时可以采用不同的算法配置，而且在每一过程中又可以选择是否进行加权。为了确定加权粗糙集方法在进行类不平衡问题处理时的最佳配置，接下来对加权粗糙集方法的各种算法配置进行比较。

实验采用十字交叉验证法，表 6-8 和表 6-9 分别给出了具有不同算法配置的加权粗糙集方法获得的少数类分类精度和 AUC，表中 WAR 代表加权粗糙集方法在整个学习过程中只进行加权属性约简，规则提取和分类决策都不进行加权；WRE 代表加权粗糙集方法在整个学习过程中只进行加权规则提取和加权分类决策，

表 6-8 各种算法配置获得的少数类分类精度

数据集	WAR	WRE	WRS_ENT	WRS_EXH	WRS_CER
echocardiogram	0.6100	0.6900	0.7350	0.7600	0.7100
heart_s	0.7583	0.7583	0.7500	0.7667	0.7583
breast	0.2556	0.3847	0.3514	0.4444	0.3972
votes	0.9526	0.9647	0.9761	0.9529	0.9647
credit	0.8276	0.8212	0.8308	0.8504	0.8408
breast_w	0.9292	0.9292	0.9292	0.9583	0.9377
tic	0.7927	0.8137	0.8250	0.8496	0.8197
german	0.1133	0.8100	0.9067	0.9100	0.8067
zoo	0.7000	0.8000	0.7000	0.8000	0.8000
lymphography	0.5857	0.3333	0.7190	0.6857	0.5857
wine	0.9150	0.9100	0.9350	0.9350	0.9150
machine	0.1000	0.7000	0.8000	0.8000	0.8000
glass	0.4000	0.6000	0.7000	0.8000	0.7000
heart	0	0.2000	0.3000	0.3000	0.3000
soybean	1.0000	1.0000	1.0000	1.0000	1.0000
anneal	1.0000	1.0000	1.0000	1.0000	1.0000
平均值	0.6213	0.7322	0.7786	0.8008	0.7710

表 6-9 各种算法配置获得的 AUC

数据集	WAR	WRE	WRS_ENT	WRS_EXH	WRS_CER
echocardiogram	0.7029	0.6568	0.7092	0.7099	0.7022
heart_s	0.7925	0.7858	0.7850	0.7900	0.7858
breast	0.5381	0.5903	0.5662	0.6254	0.5940
votes	0.9632	0.9655	0.9692	0.9615	0.9692
credit	0.8304	0.8179	0.8319	0.8417	0.8395
breast_w	0.9493	0.9460	0.9471	0.9628	0.9525
tic	0.8644	0.8637	0.8606	0.8992	0.8643
german	0.5267	0.6393	0.6055	0.6079	0.5769
zoo	0.9137	0.9129	0.9135	0.9362	0.9237
lymphography	0.7859	0.7188	0.7984	0.7901	0.7741
wine	0.9514	0.9585	0.9498	0.9647	0.9484
machine	0.6659	0.7226	0.7650	0.7803	0.7634
glass	0.7194	0.7921	0.7801	0.7893	0.7887
heart	0.5752	0.5686	0.6165	0.6107	0.6071
soybean	0.9525	0.9110	0.9447	0.9451	0.9532
anneal	1.0000	1.0000	1.0000	1.0000	1.0000
平均值	0.7957	0.8031	0.8152	0.8259	0.8152

而属性约简不进行加权；WRS_ENT 代表加权粗糙集方法在进行属性约简时，采用式(6-24)给出的基于加权熵的属性重要度评价指标，余下算法配置与 WRS 相同；WRS_EXH 代表加权粗糙集方法在进行规则提取时，采用算法 6-3 给出的全部规则提取算法，余下算法配置与 WRS 相同；WRS_CER 代表加权粗糙集方法在进行分类决策时，采用基于最大加权可信度的分类决策算法，余下算法配置与 WRS 相同。

从表 6-8 和表 6-9 可以得出如下结论。

(1) WRE 获得了比 WAR 更好的性能，这说明在加权粗糙集方法中，对规则提取和分类决策进行加权比对属性约简进行加权更加有效。另外，WRE 和 WAR 的性能都差于 WRS，这说明为了获得最好的性能，需要对加权粗糙集方法的整个学习过程都进行加权。

(2) 与 WRS 相比，WRS_ENT 的平均性能略差于 WRS，这说明尽管基于加权熵的属性重要性评价指标能够对边界域中存在的差异进行考虑，然而这并不能改善加权粗糙集方法的性能，相反地，基于加权依赖度的属性重要性评价指标尽管简单，但是却能获得了满意的性能。

(3) 与 WRS 相比，WRS_EXH 获得了比 WRS 更好的性能，这说明通过提取全部规则，能够获得比最小规则集更为丰富的信息，因此，有助于提高加权粗糙集方法的性能。然而，对全部规则的提取通常需要占用巨大的时空资源，举例来说，在实验中 WRS 提取的平均规则数目为 58.2125，而 WRS_EXH 提取的平均规则数目为 724.0938，WRS_EXH 得到的规则数目是 WRS 的 12.4388 倍。

(4) 与 WRS 相比，WRS_CER 获得的平均性能略差于 WRS，这说明基于加权支持度多数投票的分类决策算法能够获得比基于最大加权可信度的分类决策算法更好的性能。

通过对加权粗糙集方法的各种算法配置进行比较可以发现，对规则提取和分类决策进行加权能够获得比属性约简加权更好的性能，另外，在属性约简过程中选择基于加权依赖度的属性重要度评价指标，在规则提取过程中选择全部规则提取算法，在分类决策过程中选择基于加权支持度多数投票的分类决策算法，能够使加权粗糙集方法获得最好的类不平衡问题处理性能。

6.6.5 与其他类不平衡问题处理方法的比较

在机器学习领域中，已经提出了许多类不平衡问题的处理方法，其中基于加权决策树[241]、加权支持向量机[237]和一类分类器[210,214,215]的方法是广泛采用的方法。这部分将开展加权粗糙集方法与这些方法的比较研究，从而进一步验证加权粗糙集方法的有效性。

实验采用十字交叉验证法，表 6-10 和表 6-11 分别给出了这些类不平衡

表 6-10 决策树和支持向量机方法获得的少数类分类精度

数据集	C4.5	C4.5_CS	ONE_SVM	SVM_R	WSVM_R	SVM_L	WSVM_L
echocardiogram	0.5050	0.4600	0.7400	0.2150	0.2150	0.4750	0.6900
heart_s	0.8267	0.8067	0.2417	0.0250	0.0250	0.7917	0.8667
breast	0.3167	0.5042	0.7056	0.4333	0.4236	0.3653	0.5569
votes	0.9765	0.9824	0.9408	0.9393	0.9574	0.9699	0.9816
credit	0.8435	0.8502	0.9189	0.0652	0.0652	—	—
breast_w	0.9458	0.9128	1.0000	0.9917	0.9917	0.9625	0.9625
tic	0.8915	0.9307	0.6954	0.9880	0.9880	0.5357	0.6804
german	0.4833	0.5400	0.6967	0.2967	0.2967	0.4900	0.6133
zoo	0.7000	0.8000	0.6000	0.8000	0.8000	0.7000	0.8000
lymphography	0.7500	0.7857	0.2000	0.9000	0.8000	1.0000	0.8000
wine	0.9100	0.9500	0.6200	0.1300	0.1300	0.9800	0.9600
machine	0.6846	0.6929	0	0.8000	0.8000	—	—
glass	0.6000	0.7000	0.8000	0.7000	0.7000	0.6000	0.7000
heart	0.1000	0	0.5000	0	0	0.1000	0.4000
soybean	1.0000	1.0000	0.8000	1.0000	1.0000	1.0000	1.0000
anneal	1.0000	1.0000	0.6000	0.7000	0.7000	—	—
平均值	0.7208	0.7447	0.6287	0.5615	0.5558	0.6900	0.7701

表 6-11 决策树和支持向量机方法获得的 AUC

数据集	C4.5	C4.5_CS	ONE_SVM	SVM_R	WSVM_R	SVM_L	WSVM_L
echocardiogram	0.6219	0.5835	0.6318	0.5221	0.5221	0.6528	0.7256
heart_s	0.7717	0.7450	0.5375	0.5125	0.5125	0.8358	0.8333
breast	0.5937	0.5978	0.5921	0.5701	0.5675	0.6204	0.6264
votes	0.9751	0.9781	0.9273	0.9529	0.9619	0.9662	0.9739
credit	0.8552	0.8599	0.6005	0.5104	0.5104	—	—
breast_w	0.9565	0.9367	0.7980	0.9696	0.9696	0.9670	0.9670
tic	0.9338	0.9398	0.6408	0.9940	0.9940	0.6928	0.6924
german	0.6645	0.6571	0.6390	0.5898	0.5898	0.6893	0.7138
zoo	0.9137	0.9600	0.8155	0.9667	0.9667	0.9583	0.9667
lymphography	0.7799	0.8100	0.6694	0.8970	0.8611	0.9252	0.8407
wine	0.9513	0.9607	0.6730	0.5667	0.5667	0.9730	0.9678
machine	0.6690	0.7128	0.4900	0.6798	0.6762	—	—
glass	0.7895	0.8176	0.7279	0.7897	0.7665	0.7570	0.6863
heart	0.5727	0.5587	0.4977	0.5000	0.5000	0.5944	0.6192
soybean	0.9780	0.9799	0.9335	0.9800	0.9850	0.9822	0.9833
anneal	1.0000	1.0000	0.8401	0.8918	0.7807	—	—
平均值	0.8142	0.8186	0.6884	0.7433	0.7332	0.8165	0.8151

问题处理方法获得的少数类分类精度和 AUC，表中 C4.5 代表 Quinlan[162]提出的经典 C4.5 决策树算法；C4.5_CS 代表 Ting[241]提出的加权决策树算法，数据样本的权值采用逆类概率加权确定；ONE_SVM 代表一类支持向量机方法[210, 214, 215]；SVM_R 和 SVM_L 分别代表采用径向基和线性核函数的支持向量机方法[69, 70]；WSVM_R 和 WSVM_L 分别代表采用径向基和线性核函数的加权支持向量机方法[237]，数据样本的权值采用逆类概率加权确定。

从表 6-10 和表 6-11 可以得出如下结论。

(1) 与 RS 相比，C4.5 使 AUC 和少数类分类精度分别平均提高 0.0341 和 0.1043，由此可见，常规决策树方法能够获得令人满意的类不平衡问题处理性能。通过进行样本加权，与 C4.5 相比，C4.5_CS 使 AUC 和少数类分类精度分别平均提高 0.0044 和 0.0239，这说明样本加权能够改进决策树方法对类不平衡问题的处理性能，然而样本加权所获得的性能改进并不是特别明显，这在一定程度上说明了决策树方法对数据集的类分布不是特别敏感。进一步与 WRS 相比，C4.5_CS 获得的 AUC 和少数类分类精度分别平均低于 WRS 0.0002 和 0.0349，这说明 C4.5_CS 略差于 WRS。

(2) 与 RS 相比，ONE_SVM 使 AUC 平均降低 0.0917，平均提高少数类分类精度 0.0122，这说明一类分类器在进行类不平衡问题处理时尽管有助于提高少数类的分类精度，然而其获得的性能改进并不明显，并且 AUC 通常较低。这是因为一类分类器能够分别针对少数类和多数类独立地构建分类器，因此，一类分类器不会因为数据集的类分布不平衡而忽略少数类数据样本中蕴含的知识，从而基于一类分类器的方法能够改善对少数类新数据样本的泛化性能，然而，由于一类分类器在定义分类边界时仅仅利用目标类的信息，不像多类分类器可以利用更多的其他类信息，所以通常情况下基于一类分类器的方法不能获得令人满意的性能。

(3) 与 RS 相比，SVM_R 和 WSVM_R 都获得了比 RS 更差的性能，这说明采用径向基核函数的支持向量机方法不适合对类不平衡问题进行处理。

(4) 与 RS 相比，SVM_L 使 AUC 和少数类分类精度分别平均提高 0.0364 和 0.0735，这说明采用线性核函数的支持向量机方法对类不平衡问题的处理是有效的。通过进行样本加权，与 SVM_L 相比，WSVM_L 使 AUC 平均降低 0.0014，使少数类分类精度平均提高 0.0801，这说明样本加权尽管可能会略微降低 AUC，然而能够明显提高少数类分类精度。由于 SVM_L 与 WSVM_L 所获得的 AUC 相近，因此，在 AUC 意义下，采用线性核函数的支持向量机方法对数据集的类分布不是特别敏感。进一步与 WRS 相比，WSVM_L 获得的 AUC 和少数类分类精度分别低于 WRS 0.0037 和 0.0095，这说明 WSVM_L 略差于 WRS。另外，需要注意的是，尽管采用线性核函数的支持向量机方法能够获得满意的类不平衡问题处理性能，然而该方法并不适用于任一数据集，对于某些数据集，该方法在可接受的时间范围内可能无法产生实验结果，举例来说，在我们的实验中，该方法在credit、machine 和 anneal 3 个数据集上不能得到实验结果。

通过与几种广为采用的类不平衡问题处理方法进行比较可以发现，加权粗糙集方法获得的性能略好于加权决策树和加权支持向量机方法，这说明基于加权粗糙集的类不平衡问题处理方法是有效的；相对于决策树和支持向量机方法，粗糙集方法对数据集的类分布更加敏感，因此，当数据集的类分布存在严重不平衡时，为了使粗糙集方法获得满意的性能，必须引入相应的类不平衡问题处理技术；基于一类分类器的方法尽管在一定程度上能够提高少数类的分类精度，然而其获得的性能改进不明显，并且 AUC 通常较低，因此该方法不能获得满意的类不平衡问题处理性能；采用径向基核函数的支持向量机方法不适合对类不平衡问题进行处理，当利用支持向量机方法进行类不平衡问题处理时，必须采用线性核函数。

6.6.6 类不平衡问题处理的权值选择

在上述的类不平衡问题处理实验中，数据样本的权值都采用逆类概率加权确定，因此，数据集的类分布得到了绝对的平衡。为了检验这种加权方法的有效性，接下来通过实验来分析数据样本的权值对类不平衡问题处理性能的影响。

为了开展实验，首先定义如下的概率权函数。

假设 n_1 和 n_2 分别是数据集中少数类和多数类的样本数目，w_1 和 w_2 分别是少数类和多数类的数据样本权值，定义少数类（正类）的概率权函数为

$$\text{PWF}(+) = \frac{n_1 w_1}{n_1 w_1 + n_2 w_2} \tag{6-26}$$

显然，PWF(+)随着少数类权值的增加而增加，当 PWF(+)=0.5 时，逆类概率的权被分配给每一个数据样本，数据集的类分布得到绝对的平衡。

基于提出的加权粗糙集方法，利用表 6-2 描述的 8 个两类数据集，通过改变少数类和多数类的权值 w_1 和 w_2 使得 PWF(+) = {0.05，0.1，0.15，0.2，0.3，0.4，0.5，0.6，0.7，0.8，0.85，0.9，0.95}，我们能够得到加权粗糙集方法在不同数据样本权值情况下获得的性能。图 6-2 给出了少数类、多数类和总体的分类精度以及 AUC 随 PWF(+)的变化规律，其中 Min 代表少数类分类精度，Maj 代表多数类分类精度，Ove 代表总体分类精度。从图 6-2 可以看出，数据样本的权值对加权粗糙集方法的性能具有显著的影响，随着 PWF(+)的增加，少数类分类精度增加，多数类分类精度减小，总体分类精度和 AUC 先增加然后减小。当 PWF(+)=0.5，即数据集的类分布得到绝对的平衡时，总体分类精度和 AUC 通常达到最优或次优值，这说明在进行类不平衡问题处理时，逆类概率加权能够作为一种有效的数据样本加权方法。

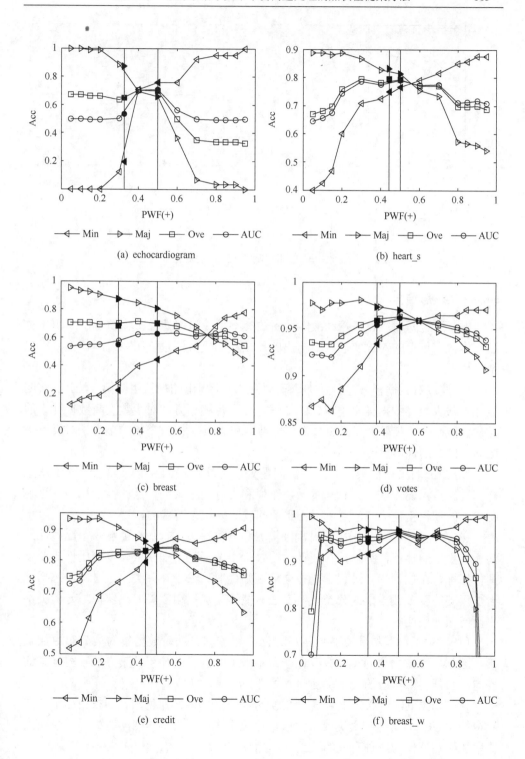

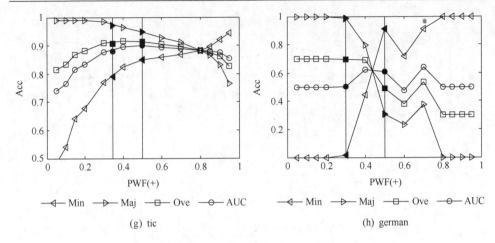

图 6-2 性能指标随 PWF(+) 的变化

6.6.7 实验总结

本章通过开展汽轮机振动故障诊断的类不平衡问题处理实验和 16 个 UCI 算法评价数据集上的对比实验,对提出的加权粗糙集方法进行了系统地评价,得出结论如下。

(1) 通过对数据样本进行逆类概率加权,基于提出的加权粗糙集方法,能够明显地加强少数类数据样本中蕴含的知识,提高粗糙集方法对少数类新数据样本的泛化性能,从而获得更高的少数类分类精度和 AUC,即改善粗糙集方法对类不平衡问题的处理性能。

(2) 基于加权粗糙集的类不平衡问题处理方法获得的性能明显优于基于重采样和过滤技术的方法,并且与基于决策树和支持向量机的方法的性能相当,这说明提出的加权粗糙集方法对于类不平衡问题的处理是有效的。

(3) 在加权粗糙集方法中,对规则提取和分类决策进行加权能够获得比属性约简加权更好的性能,另外,在属性约简过程中选择基于加权依赖度的属性重要度评价指标,在规则提取过程中选择全部规则提取算法,在分类决策过程中选择基于加权支持度多数投票的分类决策算法,能够使加权粗糙集方法获得最好的类不平衡问题处理性能。

(4) 相对于决策树和支持向量机方法,粗糙集方法对数据集的类分布更加敏感,因此,当数据集的类分布存在严重不平衡时,为了使粗糙集方法获得满意的性能,必须引入相应的类不平衡问题处理技术。

(5) 当 PWF(+)=0.5,即数据集的类分布得到绝对的平衡时,加权粗糙集方法获得的 AUC 通常达到最优或次优值,这说明在进行类不平衡问题处理时,逆类概率加权能够作为一种有效的数据样本加权方法。

6.7 本章小结

针对故障诊断中存在的类不平衡问题，为了提高粗糙集方法对少数类新故障实例的泛化性能，通过分析和比较机器学习领域中广泛使用的几种类不平衡问题处理方法，本章将样本加权技术引入粗糙集方法中，提出了基于加权粗糙集的类不平衡问题处理方法。为了对提出方法的有效性进行评价，进一步引入了少数类和多数类分类精度以及 AUC 等类平衡问题处理的性能评价指标，通过汽轮机振动故障诊断以及 16 个 UCI 算法评价数据集上的类不平衡问题处理实验，发现提出的方法能够明显地提高粗糙集方法对少数类新故障实例的泛化性能，其获得的 AUC 和少数类分类精度明显优于基于重采样和过滤技术的方法，且与基于决策树和支持向量机的类不平衡问题处理方法的性能相当，因此，提出的基于加权粗糙集的类不平衡问题处理方法是有效的。

第7章 考虑误诊断代价的故障诊断方法及评价

7.1 概 述

在工业生产过程中，不同故障对设备的危害程度通常是不同的，因此，故障之间的误诊断代价(损失)必将存在差异。当利用这样的故障诊断知识进行故障诊断时，通常不能保证对高代价故障具有较高的泛化性能，从而难以最小化故障诊断的代价。目前，面向实际问题的代价敏感故障诊断已经成为故障诊断领域一个十分重要的研究方向[238,242]。

对于代价敏感问题的处理，在粗糙集方法中，目前相关研究较少，因此，当故障的误诊断代价存在差异时，有必要在粗糙集方法中引入相应的代价敏感问题处理技术，提高粗糙集方法对高代价故障的泛化性能，从而最小化故障诊断的代价。在机器学习领域中，已经提出了许多代价敏感问题的处理方法，如重采样[232,238]、样本加权[241,242]、最小期望代价分类准则[254,255]等。为了使粗糙集方法能够考虑故障的误诊断代价差异，本章首先引入机器学习领域中广泛使用的几种基本代价敏感问题处理方法；然后，在此基础上，利用第4章提出的加权粗糙集模型，研究了基于加权粗糙集和最小期望代价分类准则的代价敏感问题处理方法，并且同时考虑了数据集类分布特性对代价敏感问题处理的影响；最后，针对以往代价敏感问题处理性能评价指标与测试集特性密切相关的不足，提出了新的不依赖于测试集特性的性能评价指标，基于这些新提出的性能评价指标，通过汽轮机振动故障诊断以及19个UCI算法评价数据集上的代价敏感问题处理实验，验证了提出方法的有效性。

7.2 考虑误诊断代价的基本方法

7.2.1 基于类不平衡问题处理技术的方法

在实际的故障诊断中，任一故障的误诊断都需要付出一定的代价，因此，为了最小化故障诊断的代价，通常的做法是最大限度地减小故障诊断的错误率，使尽可能多的故障被正确诊断。当所有故障具有相同的误诊断代价时，最小化故障诊断错误率能够获得最小的故障诊断代价，此时最小化故障诊断错误率与最小化故障诊断代价二者是等价的。然而，当故障的误诊断代价存在显著差异时，单纯地最小化故障诊断错误率并不能保证故障诊断的代价最小化，这是因为在相同的故障诊断错误率情况下，高代价和低代价故障被误诊断的代价具有很大的差异，所以为了最小化故障诊断的代价，必须考虑故障之间的误诊断代价差异，区别地对待高代价和低代价故障的诊断错误率。减小高代价故障的诊断错误率尽管通常会增加低代价故障的诊断错误率，然而由于在相同的故障诊断错误率情况下，高代价故障比低代价故障具有更高的误诊断代价，所以通过适当地减小高代价故障的诊断错误率，提高对高代价故障的泛化性能，通常能够降低故障诊断的代价。

由第 4 章可知，类不平衡问题处理的目的是提高对少数类故障的泛化性能，显然这与代价敏感问题处理需要提高对高代价故障的泛化性能类似，因此，可以利用类不平衡问题的处理技术进行代价敏感问题的处理，研究显示，基于类不平衡问题处理技术的方法是进行代价敏感问题处理的一类重要方法[250-252]。

对于类不平衡问题的处理，少数类故障泛化性能的提高是通过在数据或者算法层次上修改数据集的类分布，提高少数类故障实例的比例来实现的，因此，当利用类不平衡问题处理技术进行代价敏感问题处理时，为了提高对高代价故障的泛化性能，需要根据各类故障的误诊断代价，在数据或者算法层次上提高高代价故障实例的比例。

在进行代价敏感故障诊断问题处理时，各类故障之间的误诊断代价必须事先给出。由于各类故障之间的误诊断代价独立于故障描述数据，是由故障的误诊断危害、误处理损失等多种因素综合决定的，所以各类故障之间的误诊断代价通常需要由领域专家根据领域知识给出。一般地，对于 m 类故障诊断问题，各类故障之间的误诊断代价可以由一个 m 行 m 列的代价矩阵 M 来表示，矩阵 M 的第 i 行 j 列元素 $\mathrm{Cost}(i,j)$ 表示将第 i 类故障误诊断为第 j 类故障所对应的代价，通常情况下，$\mathrm{Cost}(i,j) \neq \mathrm{Cost}(j,i)$。对于某一类故障 i，由于将该类故障误诊断为其他类故障的代价通常是不同的，所以根据各类故障之间的误诊断代价 $\mathrm{Cost}(i,j)$ 不能直接确定故障 i 的误诊断代价 $\mathrm{Cost}(i)$，从而也就无法确定故障 i 在代价敏感问题处理时所需的故障实例比例。

在文献[241]中，描述了一种能够将各类故障之间的误诊断代价 $\mathrm{Cost}(i,j)$ 转化为每一类故障误诊断代价 $\mathrm{Cost}(i)$ 的方法，该方法将代价矩阵 M 分成三种类型，并进行分别转化。

(1) 当 $\begin{cases} 1.0 < \mathrm{Cost}(i,j) < 10.0, & i \neq j, \ j = k \\ \mathrm{Cost}(i,j) = 1.0, & i \neq j, \ j \neq k \\ \mathrm{Cost}(i,j) = 0, & i = j \end{cases}$，其中 k 代表某一类故障时，定义第 i 类故障的误诊断代价 $\mathrm{Cost}(i) = \begin{cases} \mathrm{Cost}(i,k), & i \neq k \\ 1.0, & i = k \end{cases}$；

(2) 当 $\begin{cases} 1.0 \leqslant \text{Cost}(i,j) = H_i \leqslant 10.0, & i \neq j \\ \text{Cost}(i,j) = 0, & i = j \end{cases}$，其中 H_i 代表一个与 i 相关的常数，并且至少有一个 $H_i = 1.0$ 时，定义第 i 类故障的误诊断代价 $\text{Cost}(i) = H_i$；

(3) 当 $\begin{cases} 1.0 \leqslant \text{Cost}(i,j) \leqslant 10.0, & i \neq j \\ \text{Cost}(i,j) = 0, & i = j \end{cases}$，其中至少有一个 $\text{Cost}(i,j) = 1.0$ 时，定义第 i 类故障的误诊断代价 $\text{Cost}(i) = \sum_{j=1}^{m} \text{Cost}(i,j)$。

在上述方法中，各类故障之间的误诊断代价 $\text{Cost}(i,j)$ 被规范为 1.0~10.0 的值，最小误诊断代价为 1.0，最大误诊断代价为 10.0，并且规定故障被正确诊断时不存在诊断代价，即误诊断代价为 0。

为了更加直观和便于理解，给出上述三种类型代价矩阵的例子如表 7-1 所示。

表 7-1　三类误诊断代价矩阵

(1)型				(2)型				(3)型			
i	j			$\text{Cost}(i)$	i	j			$\text{Cost}(i)$	i	j			$\text{Cost}(i)$
	1	2	3			1	2	3			1	2	3	
1	0	8	8	8	1	0	3	3	3	1	0	3	6	9
2	1	0	9	9	2	1	0	1	1	2	3	0	1	4
3	1	1	0	1	3	6	6	0	6	3	4	5	0	9

基于上述方法能够得到每一类故障的误诊断代价 $\text{Cost}(i)$，从而可以在数据或算法层次上根据 $\text{Cost}(i)$ 调整各类故障实例的比例，进而利用类不平衡问题处理技术进行代价敏感问题的处理。

当利用重采样方法进行代价敏感问题处理时，只需根据每类故障的误诊断代价 $\text{Cost}(i)$ 对各类故障实例进行过采样或欠采样，使得每类故障实例的数目与该类故障的误诊断代价 $\text{Cost}(i)$ 成正比，即每类故障的误诊断代价 $\text{Cost}(i)$ 由该类故障实例的数目来表达，基于这样的重采样数据，利用常规的机器学习方法便能在故障诊断中考虑各类故障的误诊断代价[238]。

当利用样本加权方法进行代价敏感问题处理时，只需将每类故障的误诊断代价 $\text{Cost}(i)$ 作为该类故障实例的权值，替换样本加权方法在进行类不平衡问题处理时使用的逆类概率加权值，便能利用样本加权方法考虑各类故障的误诊断代价[241]。

然而，需要注意的是，当利用类不平衡问题处理技术进行代价敏感问题处理时，由于每一类故障的误诊断代价 $\text{Cost}(i)$ 是通过对该类故障被误诊断为其他各类故障的代价 $\text{Cost}(i,j)$ 进行综合分析得到的，所以对于多类问题，这种处理方法只能从整体意义上考虑每类故障的误诊断代价,不能单独地考虑各类故障之间的相互误诊断代价[238, 241]。

7.2.2 基于最小期望代价分类准则的方法

对于价敏感问题的处理,除了 7.2.1 节描述的基于类不平衡问题处理技术的方法,另一类重要的处理方法是基于最小期望代价分类准则的方法,该方法的基本思路为:首先,利用常规方法构建分类器;然后,在分类决策过程中,基于贝叶斯风险理论计算每一可能决策结果对应的期望代价;最后,根据所有可能决策结果对应的期望代价,将数据样本分类为具有最小期望代价的类[254, 255]。

对于一个 m 类故障诊断问题,各类故障之间的误诊断代价为 $\text{Cost}(i,j)$,假设对于一个故障实例,分类器将其诊断为故障 $d_1, d_2, \cdots, d_m$ 的决策值分别为 $O(d_1)$, $O(d_2), \cdots, O(d_m)$,则分类器将该故障实例诊断为故障 d_i 的期望代价为

$$\text{EC}(d_i) = \sum_{j=1}^{m} O(d_j) \text{Cost}(j, i) \tag{7-1}$$

根据式(7-1),能够得到一个故障实例被诊断为各类故障 $d_1, d_2, \cdots, d_m$ 的期望代价,为了使故障诊断的代价最小,基于最小期望代价分类准则的方法将该故障实例诊断为具有最小期望代价的故障类。

从上述描述可以看出,对于一个常规的机器学习方法,可以不对其学习过程进行任何修改,只需在分类过程中使用最小期望代价分类准则,便能够将其用于代价敏感问题的处理。另外,与 7.2.1 节描述的基于类不平衡问题处理技术的方法相比,基于最小期望代价分类准则的方法在进行多类代价敏感问题处理时能够单独地考虑任意两类故障之间的相互误诊断代价[241, 255]。

7.3 基于加权粗糙集和最小期望代价分类准则的代价敏感故障诊断方法

7.3.1 不考虑数据集类分布特性的方法

由 7.2 节的描述可知,基于类不平衡问题处理技术的方法是进行代价敏感问题处理的一类基本方法,因此,可以利用第 4 章提出的加权粗糙集方法来进行代价敏感问题的处理。与类不平衡问题处理不同的是,此时故障实例的加权不是采用逆类概率加权,而是将每类故障的误诊断代价 $\text{Cost}(i)$ 作为该类故障实例的加权值。通过对故障实例的加权方式进行修改,根据 6.4 节描述的基于加权粗糙集的

属性约简、规则提取和分类决策算法，就能够得到基于加权粗糙集的代价敏感故障诊断问题处理方法。

利用常规粗糙集方法，基于最小期望代价分类准则，也能够进行代价敏感问题的处理。对于一个 m 类故障诊断问题，各类故障之间的误诊断代价为 $\text{Cost}(i,j)$，R 为利用 2.2 节描述的常规粗糙集方法获得的规则集，假设对于一个故障实例，R 中有 n 条规则 $r_1, r_2, \cdots, r_n$ 与该故障实例相匹配，输出 l 个诊断决策 $d_1, d_2, \cdots, d_l$，基于每条规则的支持度，根据式(2-19)能够得到 l 个诊断决策对应的投票数分别为 $\text{Vote}(d_1), \text{Vote}(d_2), \cdots, \text{Vote}(d_l)$，则分类器作出诊断决策 d_i 的期望代价为

$$\text{EC}(d_i) = \sum_{j=1}^{l} \text{Vote}(d_j)\text{Cost}(j,i) \tag{7-2}$$

根据式(7-2)，对于一个故障实例，能够得到各诊断决策对应的期望代价，基于最小期望代价分类准则，该故障实例能够被诊断为具有最小期望代价的故障类，从而能够利用常规粗糙集方法实现对代价敏感故障诊断问题的处理。

对上述两种代价敏感故障诊断问题处理方法进行分析可以发现，基于最小期望代价分类准则的方法在学习过程中没有考虑故障的误诊断代价差异，而基于加权粗糙集的方法对数据样本进行误诊断代价加权在学习和分类过程中都考虑了故障的误诊断代价差异，然而该方法可以在分类过程中进一步利用最小期望代价分类准则来降低故障诊断的代价，因此，在进行代价敏感故障诊断问题处理时，可以将上述两种方法结合起来。

对于一个 m 类故障诊断问题，各类故障之间的误诊断代价为 $\text{Cost}(i,j)$，通过对故障实例进行误诊断代价加权，利用 6.4 节描述的加权粗糙集方法能够得到规则集 R，假设对于一个故障实例，R 中有 n 条规则 $r_1, r_2, \cdots, r_n$ 与该故障实例相匹配，输出 l 个诊断决策 $d_1, d_2, \cdots, d_l$，基于每条规则的加权支持度，根据式(6-25)能够得到 l 个诊断决策对应的加权投票数分别为 $\text{Vote}^W(d_1), \text{Vote}^W(d_2), \cdots, \text{Vote}^W(d_l)$，则分类器作出诊断决策 d_i 的期望代价为

$$\text{EC}(d_i) = \sum_{j=1}^{l} \text{Vote}^W(d_j)\text{Cost}(j,i) \tag{7-3}$$

根据式(7-3)，对于一个故障实例，能够得到各诊断决策对应的期望代价，基于最小期望代价分类准则，能够得到基于加权粗糙集和最小期望代价分类准则的代价敏感故障诊断问题处理方法。与单独采用加权粗糙集和最小期望代价分类准则的方法相比，该方法通常能够获得更低的故障诊断代价。

7.3.2 考虑数据集类分布特性的方法

从前面描述的三种进行代价敏感问题处理的方法可以看出，这三种方法都没有考虑数据集类分布特性的影响，Liu 等[269]的实验研究显示数据集的类分布特性会对代价敏感问题的处理产生明显的影响。当数据集的类分布平衡时，上述三种方法能够正确地反映各类故障的误诊断代价，然而当数据集的类分布不平衡时，这些方法所反映的各类故障的误诊断代价将会被扭曲。以一个两类代价敏感故障诊断问题为例，假设将正类误诊断为负类的代价为 8，将负类误诊断为正类的代价为 1，当利用加权粗糙集方法对该代价敏感问题进行处理时，正类和负类故障实例的误诊断代价加权将分别为 8 和 1。当数据集的类分布平衡时，这样的故障实例加权意味着加权粗糙集方法在算法层次上使正类与负类故障实例的数目之比为 8∶1，从而使得每类故障的误诊断代价能够由该类故障实例的数目来表达；然而，当数据集的类分布不平衡时，假设正类与负类故障实例的数目之比为 4∶1，若不考虑数据集的这一类分布特性，依然采用上述的误诊断代价加权，此时加权粗糙集方法实际得到的正类与负类故障实例的数目之比将变为 32∶1，并非是期望的 8∶1，这样就不能正确地反映各类故障的误诊断代价。由于数据集的类分布特性会对分类器的构建产生影响，从而使得利用式(7-2)和式(7-3)计算得到的各诊断决策的期望代价会受到数据集类分布特性的影响，因此，基于最小期望代价分类准则的方法也会受到数据集类分布特性的影响。

为了消除数据集类分布特性对代价敏感问题处理的影响，在代价敏感问题处理时，可以同时采用类不平衡问题的处理技术来对数据集的类分布进行平衡。

从上述基于最小期望代价分类准则的代价敏感问题处理方法可以看出，该方法在分类器构建时采用的是常规粗糙集方法，为了考虑数据集类分布特性的影响，可以首先对故障实例进行逆类概率加权，利用第 4 章提出的基于加权粗糙集的类不平衡问题处理方法来构建分类器，然后，基于最小期望代价分类准则来进行诊断决策，从而弥补该方法在进行代价敏感问题处理时受数据集类分布特性影响的不足。

对于基于加权粗糙集的代价敏感问题处理方法以及将加权粗糙集和最小期望代价分类准则进行结合的代价敏感问题处理方法，为了考虑数据集类分布特性的影响，可以在故障实例的误诊断代价加权 $Cost(i)$ 的基础上综合逆类概率加权，将二者的乘积作为故障实例的最终加权，从而消除数据集的类分布特性对代价敏感问题处理的影响。对于上述例子，正类与负类故障实例的误诊断代价加权之比为 8∶1，由于正类与负类故障实例的数目之比为 4∶1，所以正类与负类故障实例的逆类概率加权之比为 1∶4，通过将故障实例的误诊断代价加权和逆类概率加权进行综合，能够得到正类与负类故障实例的最终加权之比为 2∶1，考虑到数据集的原始类分布,这样的加权实际得到的正类与负类故障实例的数目之比为 8∶1,恰好与两类故障的误诊断代价之比吻合,从而能够正确地反映各类故障的误诊断代价。

从上面的描述可以看出,通过在代价敏感问题处理时引入类不平衡问题处理技术,能够消除数据集类分布特性对代价敏感问题处理的影响,从而使得各种代价敏感问题处理方法能够正确地考虑各类故障的误诊断代价,这将有助于提高这些方法对代价敏感问题的处理性能。

7.4 代价敏感故障诊断的性能评价

7.4.1 传统的性能评价指标

在以往的代价敏感问题处理中,总体误分类代价、高代价类错误数和总体错误数是广泛使用的性能评价指标[238, 241]。

代价敏感问题处理的目的是降低故障诊断的代价,因此,测试集上的总体误分类代价是一个很自然的性能评价指标。假设一个测试集包含 n 个故障实例 x_1, x_2, $\cdots$, x_n,$ac(x_i)$ 和 $pc(x_i)$ 分别代表故障实例 x_i 的实际故障类别和诊断故障类别,$Cost[ac(x_i), pc(x_i)]$ 代表将实际故障类别为 $ac(x_i)$ 的故障实例 x_i 诊断为 $pc(x_i)$ 的误诊断代价,则测试集上的总体误分类代价被定义为

$$\text{Cost} = \sum_{i=1}^{n} \text{Cost}[ac(x_i), pc(x_i)] \tag{7-4}$$

为了最小化测试集上的总体误分类代价,各种代价敏感问题的处理方法是通过减少高代价故障的诊断错误数来实现的,因此,高代价类错误数能够作为另一个重要的性能评价指标。在代价敏感问题处理中,故障的最小误诊断代价通常定义为 1,高代价故障的诊断错误数定义为测试集上误诊断代价大于 1 的故障实例被错误诊断的数目。通常情况下,高代价类错误数越小,总体误分类代价也会越低。

对于各种代价敏感问题的处理方法,在减少高代价类错误数的同时,通常会增加低代价类错误数,尽管低代价故障的误诊断代价较低,但是当低代价故障的诊断错误数过多增加时,也不能使总体误分类代价具有较小的值。代价敏感问题处理的理想结果应该是在减少高代价类错误数的同时不会使低代价类错误数急剧增加,因此,测试集上的总体错误数也作为一个重要的性能评价指标。

从上面的描述可以看出,这些性能指标分别从不同的角度对代价敏感问题的处理性能进行了评价,然而,这些指标存在一个明显的不足,即它们都与测试集

特性密切相关。当改变测试集的大小或者类分布时，尽管一个代价敏感问题的处理方法的性能没有任何改变，但是上述这些性能评价指标值也会发生变化，显然，这不是我们所期望的，因此，需要提出新的不依赖于测试集特性的代价敏感问题处理性能评价指标。

7.4.2 不依赖于测试集特性的性能评价指标

本节将提出几种不依赖于测试集特性的代价敏感问题处理性能评价指标。为了研究方便，首先针对两类代价敏感问题进行研究，然后，针对两类问题得到的研究成果推广到多类问题。

在对两类代价敏感问题的处理性能进行评价时，利用表 6-1 给出的混淆矩阵以及由其演化得到的 4 个基本性能评价指标 TP_{rate}、FP_{rate}、TN_{rate} 和 FN_{rate} 来展开研究，并且在研究中，高代价和低代价故障被分别定义为表 6-1 中的正类和负类。

一个代价敏感问题处理方法获得的对各类故障的诊断错误以及总体的诊断错误与该方法最终获得的故障诊断代价直接相关，因此，对这些诊断错误的评价是进行代价敏感问题处理性能评价的重要内容。由于 7.4.1 节给出的高代价类错误数和总体错误数评价指标与测试集的大小密切相关，所以这些性能评价指标不利于对一个代价敏感问题处理方法的性能进行客观的评价。为了使这些性能评价指标不依赖于测试集的大小，可以利用测试集的大小来对这些指标进行标幺，从而消除测试集的大小对这些性能评价指标的影响，得到各类故障的诊断错误率以及总体的诊断错误率，它们分别定义如下。

高代价类错误率定义为

$$HErr = FN_{rate} = \frac{FN}{TP + FN} \tag{7-5}$$

低代价类错误率定义为

$$LErr = FP_{rate} = \frac{FP}{TN + FP} \tag{7-6}$$

总体错误率定义为

$$Err = \frac{FN + FP}{TP + FN + TN + FP} \tag{7-7}$$

由式(7-4)可以看出，总体误分类代价也与测试集的大小密切相关，当增加测试集故障实例的数目时，总体误分类代价也会随之增加，为了消除测试集大小的影响，可以利用测试集上最大可能的误分类代价来对其进行标幺，得到不依赖于测试集大小的总体误分类代价率：

$$\text{Cost}_{\text{rate}} = \frac{\text{FN} \times \text{Cost}(+,-) + \text{FP} \times \text{Cost}(-,+)}{(\text{TP}+\text{FN}) \times \text{Cost}(+,-) + (\text{TN}+\text{FP}) \times \text{Cost}(-,+)} \quad (7\text{-}8)$$

式中，$\text{Cost}(+,-)$代表将正类故障实例误诊断为负类的代价；$\text{Cost}(-,+)$代表将负类故障实例误诊断为正类的代价。

对于式(7-5)~式(7-8)定义的性能评价指标，当测试集的大小在保持各类故障实例比例不变的情况下增大或减小时，这些性能指标能够保持不变，然而，当测试集的类分布发生变化时，式(7-7)定义的总体错误率和式(7-8)定义的总体误分类代价率将会发生变化，这是因为这两个性能指标使用了表 6-1 混淆矩阵中两行的值。由于高代价类和低代价类错误率能够提供比总体错误率更丰富的性能评价信息，所以可以使用高代价类和低代价类错误率来代替总体错误率。对于总体误分类代价率，为了使其不依赖于测试集的类分布，需要对其进行进一步的改进。

由式(7-8)可以看出，总体误分类代价率的定义是基于各类故障的诊断错误数的，其反映的是在某一正类和负类诊断错误数情况下对应的误分类代价与测试集上最大可能的误分类代价之比，当测试集各类故障实例以相同比例变化时，总体误分类代价率不会发生变化，然而当测试集各类故障实例的比例发生改变时，总体误分类代价率将会改变。为了消除测试集类分布的影响，可以基于各类故障的诊断错误率来定义期望误分类代价率：

$$\text{ECost}_{\text{rate}} = \frac{\text{FN}_{\text{rate}} \times \text{Cost}(+,-) + \text{FP}_{\text{rate}} \times \text{Cost}(-,+)}{\text{Cost}(+,-) + \text{Cost}(-,+)} \quad (7\text{-}9)$$

从式(7-9)定义的期望误分类代价率可以看出，该性能指标不会随测试集类分布的变化而变化，并且该性能指标具有清晰的含义，其反映的是在某一正类和负类错误率情况下对应的期望误分类代价率。

通过上述研究，针对两类代价敏感问题提出了几种不依赖于测试集特性的性能评价指标，为了对多类代价敏感问题的处理性能进行评价，接下来把上述提出的这些性能指标推广到多类问题。

假设对于 m 类问题，$\text{Cost}(i,j)$代表将第 i 类故障诊断为第 j 类故障的代价，$\text{Cost}(i)$代表按照 7.2.1 节描述的转换规则利用 $\text{Cost}(i,j)$转换得到的第 i 类故障的误诊断代价，$\text{Md}(i,j)$代表第 i 类故障实例被诊断为第 j 类的数目，$\text{Md}_{\text{rate}}(i,j)$代表第 i 类故障实例被诊断为第 j 类的比率，则第 i 类故障的错误率定义为

第7章 考虑误诊断代价的故障诊断方法及评价

$$\text{Err}(i) = \frac{\sum_{j=1, j \neq i}^{m} \text{Md}(i,j)}{\sum_{j=1}^{m} \text{Md}(i,j)} \tag{7-10}$$

基于 $\text{Err}(i)$，高代价类错误率定义为具有最大误诊断代价 $\text{Cost}(i)$ 的故障类对应的错误率 $\text{Err}(i)$，低代价类错误率定义为具有最小误诊断代价 $\text{Cost}(i)$ 的故障类对应的错误率 $\text{Err}(i)$。

总体错误率定义为

$$\text{Err} = \frac{\sum_{i=1}^{m} \sum_{j=1, j \neq i}^{m} \text{Md}(i,j)}{\sum_{i=1}^{m} \sum_{j=1}^{m} \text{Md}(i,j)} \tag{7-11}$$

总体误分类代价率定义为

$$\text{Cost}_{\text{rate}} = \frac{\sum_{i=1}^{m} \sum_{j=1, j \neq i}^{m} [\text{Md}(i,j)\text{Cost}(i,j)]}{\sum_{i=1}^{m} \sum_{j=1, j \neq i}^{m} [\text{Md}(i,j)\text{Cost}(i,j)] + \sum_{i=1}^{m} \left\{ \text{Md}(i,i) \max_{j=1, j \neq i}^{m} [\text{Cost}(i,j)] \right\}} \tag{7-12}$$

期望误分类代价率定义为

$$\text{ECost}_{\text{rate}} = \frac{\sum_{i=1}^{m} \sum_{j=1, j \neq i}^{m} [\text{Md}_{\text{rate}}(i,j)\text{Cost}(i,j)]}{\sum_{i=1}^{m} \left\{ \max_{j=1, j \neq i}^{m} [\text{Cost}(i,j)] \right\}} \tag{7-13}$$

通过式(7-10)～式(7-13)给出的定义，我们能够得到多类代价敏感问题处理性能的评价指标，当 $m=2$ 时，这些指标退化为式(7-5)～式(7-9)给出的两类代价敏感问题处理性能的评价指标。显然，式(7-10)和式(7-11)给出的错误率评价指标是对两类问题的自然扩展，而对于式(7-12)定义的总体误分类代价率，其反映的是测试集上的总体误分类代价与最大可能的误分类代价之比，对于式(7-13)

定义的期望误分类代价率，其反映的是在各类故障获得某一错误率情况下对应的期望误分类代价率，由此可见，这些多类代价敏感问题处理性能的评价指标同样具有清晰的实际含义，因此，它们能够用来对多类代价敏感问题的处理性能进行评价。

7.5 实验分析

7.5.1 实验配置

通过引入机器学习领域中广泛使用的代价敏感问题处理技术，本章系统地研究了基于加权粗糙集和最小期望代价分类准则的代价敏感问题处理方法，同时考虑了数据集类分布特性对代价敏感问题处理的影响，针对以往代价敏感问题处理性能评价指标与测试集特性密切相关的不足，进一步提出了新的不依赖于测试集特性的性能评价指标。为了对上述提出的代价敏感问题处理方法进行评价，在这一部分，首先开展汽轮机振动故障的代价敏感诊断实验，然后，利用 19 个 UCI 算法评价数据集，基于新提出的代价敏感问题处理性能评价指标，对提出方法的性能进行系统地比较和分析，从而验证提出方法的有效性。

表 7-2 给出了实验中使用的 19 个 UCI 算法评价数据集的相关信息，其中 10 个为两类数据集，9 个为多类数据集。由于数据集中含有数值型属性，在开展实验前，采用 Fayyad 等[104, 105]提出的递归最小熵划分方法将这些数值型属性离散为粗糙集方法能够处理的名义型属性。

表 7-2 实验数据集

序号	名称	大小	条件属性数	属性类型①		类别数	类分布
1	echocardiogram	131	7	6C	1N	2	43/88
2	hepatitis	155	19	6C	13N	2	32/123
3	heart_s	270	13	6C	7N	2	120/150
4	breast	286	9		9N	2	85/201
5	horse	368	22	7C	15N	2	136/232
6	votes	435	16		16N	2	168/267
7	credit	690	15	6C	9N	2	307/383
8	breast_w	699	9	9C		2	241/458

续表

序号	名称	大小	条件属性数	属性类型①	类别数	类分布
9	tic	958	9	9N	2	332/626
10	german	1000	24	24C	2	300/700
11	zoo	101	16	16N	7	4/5/8/10/13/20/41
12	lymphography	148	18	18N	4	2/4/61/81
13	wine	178	13	13C	3	48/59/71
14	machine	209	7	7C	8	2/4×2/7/13/27/31/121
15	glass	214	9	9C	6	9/13/17/29/70/76
16	audiology	226	69	69N	24	1×5/2×7/3/4×3/6/8/9/20/22×2/48/57
17	heart	303	13	6C	7N	5	13/35/36/55/164
18	solar	323	10	10N	3	7/29/287
19	soybean	683	35	35N	19	8/14/15/16/20×9/44×2/88/91×2/92

注：①其中 C 代表数值型属性，N 代表名义型属性。

7.5.2 汽轮机振动故障的代价敏感诊断实验

针对表 4-1 给出的汽轮机振动故障数据，本节将考虑各类故障之间存在的误诊断代价差异，开展相应的代价敏感故障诊断实验。表 7-3 给出了各类故障之间的误诊断代价矩阵，该误诊断代价矩阵能够由领域专家根据故障的误诊断危害、误处理损失等因素进行综合评判给出。由 7.2.1 节描述的误诊断代价矩阵分类可以看出，表 7-3 对应的是第(3)类误诊断代价矩阵，根据相应的转换规则，得到的每一类故障的误诊断代价 Cost(i) 也被列在表 7-3 中。

表 7-3 误诊断代价矩阵

i	j					Cost(i)
	不平衡	不对中	油膜涡动	转子碰摩	正常	
不平衡	0	2	2	2	4	10
不对中	3	0	3	3	5	14
油膜涡动	6	6	0	6	9	27
转子碰摩	7	7	7	0	10	31
正常	1	1	1	1	0	4

利用 7.3.1 节描述的基于加权粗糙集的代价敏感问题处理方法，通过将 Cost(i) 作为每类故障实例的加权值，能够得到表 4-1 对应的故障征兆约简和故障诊断规则集如表 7-4 所示。与表 4-4 给出的常规粗糙集方法获得的故障征兆约简和故障诊断规则集相比可以看出，通过对故障实例进行误诊断代价加权，基于加权粗糙

集的代价敏感问题处理方法能够优先提取高代价故障的关键征兆,并且提取的高代价故障的诊断规则具有较高的规则支持度,举例来说,转子碰摩和油膜涡动故障的误诊断代价 Cost(i) 分别为 31 和 27,获得的故障征兆约简为 $c3 \to c2 \to c4 \to c5$,显然两类故障的关键征兆 $c3$ 和 $c2$ 被优先提取,另外在提取的故障诊断规则集中转子碰摩和油膜涡动故障的诊断规则具有最高的规则支持度。当利用这样的故障征兆约简和故障诊断规则进行故障诊断时,故障实例将倾向于被诊断为高代价故障,从而降低故障诊断的代价。

表 7-4　基于加权粗糙集的代价敏感问题处理方法获得的规则集

序号	规则(约简:$c3 \to c2 \to c4 \to c5$)	支持度	可信度
1	$c3$(中) $\wedge$ $c5$(中) $\Rightarrow$ d(不平衡)	0.0145	1
2	$c3$(低) $\wedge$ $c4$(中) $\wedge$ $c5$(中) $\Rightarrow$ d(不平衡)	0.0145	0.4167
3	$c3$(低) $\wedge$ $c4$(中) $\wedge$ $c5$(中) $\Rightarrow$ d(不对中)	0.0203	0.5833
4	$c2$(低) $\wedge$ $c3$(低) $\wedge$ $c4$(低) $\wedge$ $c5$(低) $\Rightarrow$ d(正常)	0.0232	1
5	$c4$(中) $\wedge$ $c5$(低) $\Rightarrow$ d(不平衡)	0.0434	1
6	$c2$(低) $\wedge$ $c4$(中) $\wedge$ $c5$(高) $\Rightarrow$ d(不对中)	0.0608	1
7	$c4$(高) $\Rightarrow$ d(不平衡)	0.0868	1
8	$c4$(低) $\wedge$ $c5$(中) $\Rightarrow$ d(不对中)	0.1216	1
9	$c2$(高) $\Rightarrow$ d(油膜涡动)	0.1563	1
10	$c3$(高) $\Rightarrow$ d(转子碰摩)	0.2243	1
11	$c2$(中) $\wedge$ $c5$(低) $\Rightarrow$ d(油膜涡动)	0.2344	1

以一个具体的故障 x = {中,中,高,高,中,中,中} 为例,当利用表 4-4 给出的常规粗糙集方法获得的故障诊断规则进行故障诊断时,该故障实例仅与第 10 条规则:$c4$(高) $\Rightarrow$ d(不平衡) 匹配,因此,该故障实例被诊断为不平衡故障;而如果利用表 7-4 所示的基于加权粗糙集的代价敏感问题处理方法获得的故障诊断规则进行故障诊断时,该故障实例分别与第 7 条规则:$c4$(高) $\Rightarrow$ d(不平衡) 和第 10 条规则:$c3$(高) $\Rightarrow$ d(转子碰摩) 匹配,规则的支持度分别为 0.0868 和 0.2243,因此该故障实例被诊断为转子碰摩故障。从这一故障诊断例子可以看出,基于加权粗糙集的代价敏感问题处理方法在进行故障诊断时,倾向于将故障实例诊断为高代价故障,通常情况下,这将有助于降低故障诊断的代价。

7.5.3　各种代价敏感问题处理方法的比较

7.3.1 节分别提出了基于加权粗糙集、最小期望代价分类准则以及将二者结合的三种代价敏感问题处理方法,为了考虑数据集的类分布特性对代价敏感问题处理的影响,在 7.3.2 节又进一步提出了上述三种方法的改进版本。为了对这些提出的方法进行评价,这部分将利用表 7-2 描述的 19 个 UCI 算法评价数据集,基于 7.4.2 节新提出的代价敏感问题处理性能的评价指标对这些方法的性能进行系统的比较和分析。由于对于两类问题,7.2.1 节描述的三种类型的代价矩阵是等价的,而对于多类问题,需要分别对这三种类型的代价矩阵进行分析,所以接下来的实验将分为两类问题和多类问题分别展开。

对于表 7-2 描述的 10 个两类数据集,为了开展代价敏感问题处理实验,需要给出各类之间的误诊断代价。由于随机设定的误诊断代价可以避免引入确定的算法偏置,从而使各种方法获得的结果更具一般性,所以在实验中按照 7.2.1 节描述的任一类型代价矩阵(对于两类问题,三种类型的代价矩阵是等价的)随机设定各类之间的误诊断代价。

基于上述随机设定的误诊断代价,通过采用十字交叉验证法来开展实验,能够得到上述各种代价敏感问题处理方法在 10 个两类数据集上获得的低代价类、高代价类和总体错误率以及总体和期望误分类代价率,表 7-5～表 7-9 分别列出了这些实验结果,其中 RS 代表常规粗糙集方法,RS_M 代表基于最小期望代价分类准则的方法,WRS_C 代表采用误诊断代价加权的加权粗糙集方法,WRS_CM 代表将采用误诊断代价加权的加权粗糙集和最小期望代价分类准则进行结合的方法,WRS_I 代表采用逆类概率加权的加权粗糙集方法,WRS_IM 代表采用逆类概率加权的加权粗糙集和最小期望代价分类准则相结合的方法,WRS_IC 代表采用逆类概率和误诊断代价综合加权的加权粗糙集方法,WRS_ICM 代表采用逆类概率和误诊断代价综合加权的加权粗糙集与最小期望代价分类准则相结合的方法。

表 7-5 各种方法在两类数据集上获得的低代价类错误率

数据集	RS	RS_M	WRS_C	WRS_CM	WRS_I	WRS_IM	WRS_IC	WRS_ICM
echocardiogram	0.4464	0.8070	0.8444	0.8602	0.3436	0.7493	0.9185	0.9185
hepatitis	0.2333	0.2359	0.4273	0.4385	0.2331	0.2887	0.2793	0.3177
heart_s	0.2228	0.3072	0.4211	0.4539	0.2167	0.3289	0.3995	0.4383
breast	0.4957	0.5963	0.5820	0.6203	0.4481	0.6076	0.5925	0.6086
horse	0.0346	0.0375	0.0978	0.1164	0.0408	0.0461	0.0849	0.1019
votes	0.0446	0.0572	0.0585	0.0614	0.0376	0.0458	0.0569	0.0646
credit	0.2010	0.2552	0.2827	0.3172	0.1652	0.2316	0.2783	0.3129
breast_w	0.0552	0.0761	0.1495	0.1587	0.0472	0.0661	0.1344	0.2271
tic	0.1305	0.1724	0.1931	0.2202	0.1312	0.1784	0.1848	0.2108
german	0.4940	0.9376	0.9710	0.9881	0.3859	0.9363	0.9811	0.9978
平均值	0.2358	0.3483	0.4028	0.4235	0.2049	0.3479	0.3910	0.4198

表 7-6　各种方法在两类数据集上获得的高代价类错误率

数据集	RS	RS_M	WRS_C	WRS_CM	WRS_I	WRS_IM	WRS_IC	WRS_ICM
echocardiogram	0.4447	0.1465	0.1450	0.1367	0.2381	0.0735	0.0333	0.0333
hepatitis	0.1397	0.1119	0.1453	0.1426	0.1079	0.0940	0.1878	0.1739
heart_s	0.2189	0.1772	0.1500	0.1406	0.1983	0.1628	0.1472	0.1334
Breast	0.4205	0.3255	0.3087	0.2579	0.3813	0.3078	0.3017	0.2897
Horse	0.0503	0.0364	0.0601	0.0543	0.0441	0.0302	0.0704	0.0675
Votes	0.0344	0.0257	0.0323	0.0323	0.0239	0.0195	0.0292	0.0292
Credit	0.1725	0.1435	0.1210	0.1117	0.1467	0.1213	0.1237	0.1151
breast_w	0.0632	0.0464	0.0212	0.0199	0.0437	0.0368	0.0200	0.0186
tic	0.1407	0.0988	0.0916	0.0659	0.1414	0.0825	0.0805	0.0605
german	0.4951	0.0337	0.0078	0.0033	0.4032	0.0451	0.0105	0.0019
平均值	0.2180	0.1146	0.1083	0.0965	0.1729	0.0974	0.1004	0.0923

表 7-7　各种方法在两类数据集上获得的总体错误率

数据集	RS	RS_M	WRS_C	WRS_CM	WRS_I	WRS_IM	WRS_IC	WRS_ICM
echocardiogram	0.3434	0.4240	0.4268	0.4342	0.2962	0.3707	0.4394	0.4394
hepatitis	0.1158	0.1093	0.1763	0.1763	0.1162	0.1295	0.1642	0.1774
heart_s	0.2185	0.2383	0.2815	0.2926	0.2037	0.2407	0.2704	0.2815
breast	0.3356	0.3578	0.3474	0.3568	0.3324	0.3753	0.3626	0.3626
horse	0.0382	0.0345	0.0708	0.0753	0.0382	0.0355	0.0726	0.0780
votes	0.0390	0.0419	0.0435	0.0457	0.0298	0.0320	0.0420	0.0458
credit	0.1855	0.1990	0.1995	0.2135	0.1565	0.1778	0.1995	0.2135
breast_w	0.0529	0.0548	0.0740	0.0773	0.0415	0.0467	0.0865	0.1446
tic	0.1137	0.1179	0.1249	0.1301	0.1211	0.1200	0.1207	0.1263
german	0.3030	0.4697	0.4820	0.4927	0.5150	0.4870	0.5017	0.5007
平均值	0.1746	0.2047	0.2227	0.2294	0.1851	0.2015	0.2259	0.2370

表 7-8　各种方法在两类数据集上获得的总体误分类代价率

数据集	RS	RS_M	WRS_C	WRS_CM	WRS_I	WRS_IM	WRS_IC	WRS_ICM
echocardiogram	0.3547	0.1996	0.1922	0.1917	0.2641	0.1712	0.1772	0.1772
hepatitis	0.1280	0.1086	0.1459	0.1438	0.1054	0.1020	0.1776	0.1760
heart_s	0.2197	0.1964	0.1880	0.1865	0.2054	0.1895	0.1827	0.1794
breast	0.3644	0.3083	0.2958	0.2749	0.3443	0.3120	0.3019	0.2955
horse	0.0459	0.0356	0.0619	0.0586	0.0438	0.0343	0.0700	0.0688
votes	0.0364	0.0316	0.0371	0.0374	0.0263	0.0242	0.0342	0.0355
credit	0.1794	0.1637	0.1461	0.1446	0.1517	0.1413	0.1466	0.1454

续表

数据集	RS	RS_M	WRS_C	WRS_CM	WRS_I	WRS_IM	WRS_IC	WRS_ICM
breast_w	0.0573	0.0463	0.0329	0.0331	0.0394	0.0362	0.0370	0.0529
tic	0.1244	0.0986	0.0974	0.0841	0.1303	0.0912	0.0901	0.0810
german	0.3932	0.1978	0.1974	0.2044	0.4670	0.2291	0.2131	0.2089
平均值	0.1903	0.1386	0.1395	0.1359	0.1778	0.1331	0.1430	0.1420

表 7-9 各种方法在两类数据集上获得的期望误分类代价率

数据集	RS	RS_M	WRS_C	WRS_CM	WRS_I	WRS_IM	WRS_IC	WRS_ICM
echocardiogram	0.4104	0.2151	0.2169	0.2130	0.2563	0.1706	0.1721	0.1721
hepatitis	0.1721	0.1480	0.1996	0.1993	0.1395	0.1355	0.2206	0.2140
heart_s	0.2209	0.1988	0.1905	0.1894	0.2077	0.1925	0.1846	0.1823
breast	0.4301	0.3605	0.3443	0.3112	0.3881	0.3502	0.3424	0.3365
horse	0.0485	0.0371	0.0662	0.0634	0.0459	0.0354	0.0725	0.0717
votes	0.0363	0.0308	0.0376	0.0373	0.0264	0.0240	0.0341	0.0354
credit	0.1803	0.1637	0.1468	0.1443	0.1514	0.1401	0.1467	0.1448
breast_w	0.0613	0.0498	0.0360	0.0362	0.0415	0.0383	0.0320	0.0411
tic	0.1377	0.1086	0.1070	0.0908	0.1396	0.0966	0.0962	0.0847
german	0.5104	0.1920	0.1829	0.1855	0.3934	0.2089	0.1868	0.1866
平均值	0.2208	0.1504	0.1528	0.1470	0.1790	0.1392	0.1488	0.1469

从表 7-5～表 7-9 可以看出，相对于常规粗糙集方法 RS，各种代价敏感问题处理方法从整体意义上都降低了高代价类错误率、总体误分类代价率和期望误分类代价率，与此同时增加了低代价类和总体的错误率。由于代价敏感问题处理的目的是降低高代价类错误率和故障的误诊断代价，所以上述实验结果说明各种代价敏感问题处理方法都是有效的。接下来，对各种方法进行详细的分析和比较。

由于各种方法获得的总体误分类代价率和期望误分类代价率具有相似的规律，并且与总体误分类代价率相比，期望误分类代价率具有不依赖于测试集类分布的优点，所以我们选择期望误分类代价率作为对各种方法进行比较和分析的主要性能评价指标，另外由于误分类代价率的降低是通过降低高代价类错误率来实现的，所以进一步选择高代价类错误率作为补充的性能评价指标。

为了方便对各种方法进行比较，按照各种方法对代价敏感问题处理的机理，将这些方法进行如下分类：按照各种方法是否对数据样本进行加权，可以将这些方法分为基于常规粗糙集的方法 RS 和 RS_M，以及基于加权粗糙集的方法 WRS_C、WRS_CM、WRS_I、WRS_IM、WRS_IC 和 WRS_ICM；按照各种方法在分类过程中是否使用最小期望代价分类准则，可以将这些方法分为不采用最小期望代价分类准则的方法 RS、WRS_C、WRS_I 和 WRS_IC，以及采用最小期望代价分类准则的方法 RS_M、WRS_CM、WRS_IM 和 WRS_ICM；按照各种方法在代价敏感问题处理时是否考虑数据集类分布特性的影响，可以将这些方法分为不考虑数据集类分布特性的方法 RS、RS_M、WRS_C 和 WRS_CM，以及考虑数据集类分布特性的方法 WRS_I、WRS_IM、WRS_IC 和 WRS_ICM。

基于上述分类，我们对各种方法进行详细比较分析如下。

(1) 基于加权粗糙集的方法要比基于常规粗糙集的方法获得更低的高代价类错误率和期望误分类代价率，在分类过程中使用最小期望代价分类准则的方法要比不使用的方法获得更低的高代价类错误率和期望误分类代价率，在代价敏感问题处理时考虑数据集类分布特性的方法要比不考虑的方法获得更低的高代价类错误率和期望误分类代价率。这说明为了获得更好的代价敏感问题处理性能，需要综合使用如下三种技术：对数据样本进行误诊断代价和/或逆类概率加权、在分类过程中使用最小期望代价分类准则以及在代价敏感问题处理时考虑数据集类分布特性的影响。

(2) 在所有的方法中，WRS_IM 和 WRS_ICM 由于综合了上述三种技术，所以获得了最好的代价敏感问题处理性能，更进一步，WRS_IM 获得了比 WRS_ICM 更好的性能，这说明通过对数据集的类分布进行平衡，然后在分类过程中采用最小期望代价分类准则来进行决策，能够最有效地对代价敏感问题进行处理。

下面将对 WRS_IM 优于 WRS_ICM 的原因进行分析。通过对 WRS_IM 和 WRS_ICM 获得的高代价类、低代价类和总体错误率进行比较可以看出，尽管 WRS_ICM 获得的高代价类错误率略低于 WRS_IM，然而 WRS_ICM 获得的低代价类和总体错误率明显高于 WRS_IM，这说明在代价敏感问题处理过程中，不能一味地降低高代价类错误率。因为当高代价类错误率降低到某一值后，继续降低高代价类错误率所付出的代价将远远大于其获得的收益，因此，WRS_ICM 获得的期望误分类代价率高于 WRS_IM。对比 WRS_IM 和 WRS_ICM 可以发现，二者唯一的差别是 WRS_ICM 额外地对数据样本进行了误诊断代价加权，这说明通过对数据集的类分布进行平衡，然后在分类过程中采用最小期望代价分类准则来进行决策，已经能够充分地考虑各类之间的误诊断代价差异，因此，WRS_IM 获得了最好的性能，WRS_ICM 在此基础上继续对数据样本进行误诊断代价加权尽管能够进一步降低高代价类错误率，然而此时低代价类和总体错误率通常会明显增加，因此故障诊断的代价反而会增加。

为了开展多类代价敏感问题处理实验，针对表 7-2 描述的 9 个多类数据集，分别按照 7.2.1 节给出的每一类型代价矩阵随机设定各类之间的误诊断代价，通过采用十字交叉验证法来开展实验，对于每一类型的代价矩阵，各种方法获得的期望误分类代价率分别列在表 7-10～表 7-12 中。

表 7-10 当代价矩阵为(1)型时，各种方法在多类数据集上获得的期望误分类代价率

数据集	RS	RS_M	WRS_C	WRS_CM	WRS_I	WRS_IM	WRS_IC	WRS_ICM
zoo	0.0638	0.0551	0.0440	0.0440	0.0273	0.0273	0.0320	0.0320
lymphography	0.3029	0.2715	0.3206	0.2792	0.3455	0.2881	0.2775	0.2267
wine	0.0475	0.0345	0.0611	0.0611	0.0777	0.0542	0.0776	0.0776
machine	0.3313	0.2453	0.3072	0.3103	0.1972	0.1898	0.2929	0.2914
glass	0.3295	0.2758	0.2907	0.2907	0.3956	0.3180	0.3005	0.3018
audiology	0.3037	0.2751	0.2718	0.2718	0.2279	0.2081	0.2218	0.2277
heart	0.7856	0.5751	0.5175	0.4651	0.6541	0.4624	0.6410	0.6305
solar	0.4712	0.4687	0.4713	0.4738	0.4572	0.4176	0.3809	0.3694
soybean	0.1920	0.1511	0.1256	0.1278	0.0769	0.0788	0.0931	0.0931
平均值	0.3142	0.2614	0.2678	0.2582	0.2733	0.2271	0.2575	0.2500

表 7-11 当代价矩阵为(2)型时，各种方法在多类数据集上获得的期望误分类代价率

数据集	RS	RS_M	WRS_C	WRS_CM	WRS_I	WRS_IM	WRS_IC	WRS_ICM
zoo	0.1232	0.0832	0.0847	0.0847	0.0658	0.0431	0.0701	0.0701
lymphography	0.2564	0.2424	0.2352	0.2514	0.2421	0.2327	0.2297	0.2247
wine	0.0556	0.0290	0.0649	0.0649	0.0346	0.0177	0.0459	0.0459
machine	0.4816	0.3968	0.3432	0.3268	0.2672	0.2731	0.2809	0.2575
glass	0.3424	0.3356	0.3921	0.3941	0.3926	0.3678	0.3522	0.3208
audiology	0.2750	0.2400	0.2302	0.2396	0.2211	0.2071	0.2124	0.2097
heart	0.7582	0.6602	0.6621	0.6390	0.7042	0.6502	0.6584	0.6474
solar	0.5771	0.5791	0.5789	0.5703	0.6027	0.5585	0.5298	0.5260
soybean	0.1867	0.1733	0.1667	0.1709	0.0824	0.0794	0.0847	0.0859
平均值	0.3396	0.3044	0.3064	0.3046	0.2903	0.2700	0.2738	0.2653

表 7-12 当代价矩阵为(3)型时，各种方法在多类数据集上获得的期望误分类代价率

数据集	RS	RS_M	WRS_C	WRS_CM	WRS_I	WRS_IM	WRS_IC	WRS_ICM
zoo	0.0545	0.0405	0.0449	0.0449	0.0471	0.0585	0.0370	0.0341
lymphography	0.3997	0.3896	0.3529	0.2658	0.2408	0.2438	0.2542	0.2760
wine	0.0536	0.0417	0.0817	0.0755	0.0466	0.0413	0.0586	0.0616
machine	0.4214	0.3794	0.4150	0.3761	0.2364	0.2509	0.3248	0.3354
glass	0.3103	0.3337	0.2976	0.3326	0.3858	0.3887	0.3978	0.3755
audiology	0.2760	0.2444	0.2477	0.2320	0.2044	0.1764	0.1806	0.1910
heart	0.6891	0.6653	0.6890	0.6539	0.6541	0.5928	0.6049	0.5892
solar	0.6523	0.6248	0.6553	0.5900	0.6906	0.6530	0.6387	0.6311
soybean	0.1835	0.1714	0.1375	0.1281	0.0726	0.0689	0.0928	0.0807
平均值	0.3378	0.3212	0.3246	0.2999	0.2865	0.2749	0.2877	0.2861

从表 7-10~表 7-12 可以看出，对于具有不同类型代价矩阵的多类代价敏感问题，各种方法获得的处理性能与两类问题具有相似的规律，在所有的方法中，WRS_IM 和 WRS_ICM 获得了最好的性能，且 WRS_IM 获得了更好的性能。值得注意的是，与 WRS_ICM 相比，对于具有(1)型代价矩阵的多类代价敏感问题，WRS_IM 获得的性能改进最为明显；对于(3)型代价矩阵，WRS_IM 获得的性能改进次之；对于(2)型代价矩阵，二者具有相似的性能。接下来对产生这种现象的原因进行分析。

通过对 WRS_IM 和 WRS_ICM 的代价敏感问题处理机理进行分析可以发现，与 WRS_IM 唯一不同的是，WRS_ICM 进一步按照 $Cost(i)$ 对数据样本进行了误诊断代价加权。根据 7.2.1 节描述的 $Cost(i)$ 的计算规则，对于具有(1)型代价矩阵的 m 类问题，类 i 只有被误诊断为某一固定类 k 的代价才大于 1，而被误诊断为其他 $m-2$ 类的代价均为 1，但是此时类 i 的误诊断代价 $Cost(i)$ 却被设定为 $Cost(i,k)$，因此，$Cost(i)$ 与类 i 的真实误诊断代价通常具有较大的偏差；对于(3)型代价矩阵，类 i 的误诊断代价被设定为 $Cost(i)=\sum_{j=1}^{m}Cost(i,j)$，相对于(1)型代价矩阵，$Cost(i)$ 能够较为准确地反映类 i 的真实误诊断代价；对于(2)型代价矩阵，由于类 i 被误诊断为任意类的代价均相等，为 H_i，而此时类 i 的误诊断代价也恰好被设定为 $Cost(i)=H_i$，所以 $Cost(i)$ 能够准确无误地反映类 i 的真实误诊断代价。由此可见，对于具有(2)型代价矩阵的多类代价敏感问题，对数据样本按照 $Cost(i)$ 进行误诊断代价加权，能够最准确地反映各类的误诊断代价；对于具有(1)型代价矩阵的多类代价敏感问题，$Cost(i)$ 对各类误诊断代价的反映最不准确；而对于具有(3)型代价矩阵的多类代价敏感问题，$Cost(i)$ 对各类误诊断代价反映的真实程度介于(2)型和(1)型代价矩阵之间，因此，WRS_ICM 对具有(2)型代价矩阵的多类代价敏感问题的处理性能最好，对具有(3)型代价矩阵的处理性能次之，对具有(1)型代价矩阵的处理性能最差，从而揭示了上述现象产生的原因。这也说明在进行多类代价敏感问题处理时，$Cost(i)$ 只能从整体意义上反映每类故障的误诊断代价，并且 $Cost(i)$ 反映每类故障误诊断代价的真实程度与代价矩阵的类型密切相关。

7.5.4 实验总结

通过开展汽轮机振动故障的代价敏感诊断实验和 19 个 UCI 算法评价数据集上的代价敏感问题处理实验，我们对提出的基于加权粗糙集和最小期望代价分类准则的代价敏感问题处理方法进行了系统的评价，得出结论如下。

(1)在故障诊断中，通过引入代价敏感问题处理技术，考虑各故障之间的误诊断代价差异，能够优先提取高代价故障的关键征兆，并且使得高代价故障的诊断规则具有较高的规则支持度，当利用这样的故障征兆约简和故障诊断规则进行故障诊断时，故障实例将倾向于被诊断为高代价故障，从而降低故障诊断的代价。

（2）为了获得更好的性能，对于各种代价敏感问题处理方法，需要综合使用如下三种技术：对数据样本进行误诊断代价和/或逆类概率加权、在分类过程中使用最小期望代价分类准则以及在代价敏感问题处理时考虑数据集类分布特性的影响。

（3）在所有的代价敏感问题处理方法中，WRS_IM 无论对于两类问题还是对于具有不同类型代价矩阵的多类问题都获得了最好的性能，这说明通过对数据集的类分布进行平衡，然后在分类过程中采用最小期望代价分类准则来进行决策，能够最有效地对代价敏感问题进行处理。

7.6 本章小结

通过引入机器学习领域中广泛使用的代价敏感问题处理技术，本章系统地研究了基于加权粗糙集和最小期望代价分类准则的代价敏感问题处理方法，同时考虑了数据集的类分布特性对代价敏感问题处理的影响，针对以往代价敏感问题处理性能评价指标与测试集特性密切相关的不足，进一步提出了新的不依赖于测试集特性的性能评价指标。为了对提出的代价敏感问题处理方法进行评价，不仅开展了汽轮机振动故障的代价敏感诊断实验，而且开展了 19 个 UCI 算法评价数据集上的代价敏感问题处理实验，通过实验发现，提出的代价敏感问题处理方法能够明显地降低故障诊断的代价，进一步对提出方法的各种算法配置进行比较发现，采用逆类概率加权的加权粗糙集和最小期望代价分类准则相结合的代价敏感问题处理方法能够获得最好的性能，这说明通过对数据集的类分布进行平衡，然后在分类过程中采用最小期望代价分类准则来进行决策，能够最有效地对代价敏感问题进行处理。

参 考 文 献

[1] 程道来, 吴茜, 吕庭彦, 等. 国内电站故障诊断系统的现状及发展方向. 动力工程, 1999, 19(1): 53-58.

[2] 徐敏. 设备故障诊断手册——机械设备状态监测和故障诊断. 西安: 西安交通大学出版社, 1998: 1-3.

[3] 宗春英. 基于人工智能的故障监测和诊断系统的研究. 制造业自动化, 2012, 34(7): 52-54,72.

[4] 孙宇. 风力发电系统状态监测和故障诊断技术综述. 商品与质量, 2016, (48): 402-403.

[5] Dash P K, Mishra S, Salama M M, et al. Classification of power system disturbances using a fuzzy expert system and a Fourier Linear combiner. IEEE Transactions on Power Delivery, 2000, 15: 472-477.

[6] Croce F, Delfino B, Fazzini P A, et al. Operation and management of the electronic system for industrial plants: An expert system prototype for load-scheduling operator assistance. IEEE Transactions on Industry Applications, 2001, 37(3): 701-708.

[7] Leung D, Romagnoli R. Dynamic probabilistic model-based expert system for fault diagnosis. Computers and Chemical Engineering, 2000, 24(11): 2473-2492.

[8] Qian Y, Li X X, Jiang Y Q, et al. An expert system for realtime fault diagnosis of complex chemical processes. Expert Systems with Applications, 2003, 24(4): 425-432.

[9] Yang S H, Chen B H, Wang X Z. Neural network based fault diagnosis using unmeasurable inputs. Engineering Applications of Artifical Intelligence, 2000, 13(3): 345-356.

[10] Yang B S, Han T, An J L. ART-KOHONEN neural network for faults diagnosis of rotating machinery. Mechanical Systems and Signal Processing, 2004, 18(3): 645-657.

[11] Samanta B. Gear fault detection using artificial neural networks and support vector machines with genetic algorithms. Mechanical Systems and Signal Processing, 2004, 18(3): 625-644.

[12] Ge M, Du R, Zhang G, et al. Fault diagnosis using support vector machine with an application in sheet metal stamping operations. Mechanical Systems and Signal Processing, 2004, 18(1): 143-159.

[13] Widodo A, Yang B S, Han T. Combination of independent component analysis and support vector machine for intelligent faults diagnosis of induction motors. Expert System with Application, 2007, 32: 299-312.

[14] Yuan S F, Chu F L. Fault diagnosis based on support vector machine with parameter optimization by artificial immunization algorithm. Mechanical Systems and Signal Processing, 2007, 21(3): 1318-1330.

[15] Zhang Z S, Hu Q, He Z J. Fuzzy support vector machine and its application to mechanical condition monitoring. Lecture Notes in Computer Science, 2005, 3496: 937-942.

[16] Widodo A, Yang B S. Support vector machine in machine condition monitoring and fault diagnosis. Mechanical Systems and Signal Processing, 2007, 21(6): 2560-2574.

[17] Oblak S, Skrjanc I, Blazic S. Fault detection for nonlinear systems with uncertain parameters based on the interval fuzzy model. Engineering Applications of Artificial Intelligence, 2007, 20(4): 503-510.

[18] 杨莉, 尚勇, 周跃峰, 等. 基于概率推理和模糊数学的变压器综合故障诊断模型. 中国电机工程学报, 2000, 20(7): 19-23.

[19] Dash S, Rengaswamy R, Venkatasubramanian V. Fuzzy-logic based trend classification for fault diagnosis of chemical processes. Computers and Chemical Engineering, 2003, 27(3): 347-362.

[20] Hadjicostis C N, Verghese G C. Power system monitoring using petri net embeddings. IEEE Proceedings-Generation Transmission and Distribution, 2000, 147(5): 299-303.

[21] 孙静, 秦世引, 宋永华. 一种基于 Petri 网和概率信息的电力系统故障诊断方法. 电力系统自动化, 2003, 27(13): 10-14.

[22] Sun J, Qin S Y, Song Y H. Fault diagnosis of electric power systems based on fuzzy petri nets. IEEE Transactions on Power Systems, 2004, 19(4): 2053-2059.

[23] 李俭川, 胡莴庆, 秦国军, 等. 贝叶斯网络理论及其在设备故障诊断中的应用. 中国机械工程, 2003, 14(10): 896-900.

[24] 吴欣, 郭创新, 曹一家. 基于贝叶斯网络及信息时序属性的电力系统故障诊断方法. 中国电机工程学报, 2005, 25(13): 14-16.

[25] Zhu Y L, Huo L M, Lu J L. Bayesian networks-based approach for power systems fault diagnosis. IEEE Transactions on Power Delivery, 2006, 21(2): 634-639.

[26] Pawlak Z. Rough sets. International Journal of Computer and Information Sciences, 1982, 11(5): 341-356.

[27] Pawlak Z, Grzymala-Busse J W, Slowinski R, et al. Rough Sets. Communication of the ACM, 1995, 38(11): 89-95.

[28] Pawlak Z. Rough sets and intelligent data analysis. Information Sciences, 2002, 147(1-4): 1-12.

[29] Pawlak Z, Skowron A. Rough sets: Some extensions. Information Sciences, 2007, 177(1): 28-40.

[30] Pawlak Z, Skowron A. Rudiments of rough sets. Information Sciences, 2007, 177(1): 3-27.

[31] Pawlak Z, Skowron A. Rough sets and boolean reasoning. Information Sciences, 2007, 177(1): 41-73.

[32] Rebolledo M R. Integrating rough sets and situation-based qualitative models for processes monitoring considering vagueness and uncertainty. Engineering Applications of Artificial Intelligence, 2005, 18(5): 617-632.

[33] Li J R, Khoo L P, Tor S B. RMINE: A rough set based data mining prototype for the reasoning of incomplete data in condition-based fault diagnosis. Journal of Intelligent Manufacturing, 2006, 17(1): 163-176.

[34] 黄文涛, 赵学增, 王伟杰, 等. 基于粗糙集理论的故障诊断决策规则提取方法. 中国电机工程学报, 2003, 23(11): 150-154.

[35] Lee S, Propes N, Zhang G F, et al. Rough set feature selection and diagnostic rule generation for industrial applications. Lecture Notes in Artificial Intelligence, 2002, 2475: 568-571.

[36] 蔡金锭, 王少芳. 粗糙集理论在 IEC_60599 三比值故障诊断决策规则中的应用. 中国电机工程学报, 2005, 25(11): 134-139.

[37] Hao L N, Chen W L, Zhang X F, et al. Rough set data analysis system and its applications in machinery fault diagnosis. Advances in Materials Manufacturing Science and Technology Materials Science Forum, 2004, 471-472: 850-854.

[38] Hor C L, Crossley P A, Watson S J. Building knowledge for substation-based decision support using rough sets. IEEE Transactions on Power Delivery, 2007, 22(3): 1372-1379.

[39] 束洪春, 孙向飞, 司大军. 电力变压器故障诊断专家系统知识库建立和维护的粗糙集方法. 中国电机工程学报, 2002, 22(2): 31-35.

[40] Peng J T, Chien C F, Tseng T L B. Rough set theory for data mining for fault diagnosis on distribution feeder. IEEE Proceedings-Generation Transmission and Distribution, 2004, 151(6): 689-697.

[41] 于达仁, 胡清华, 鲍文. 融合粗糙集和模糊聚类的连续数据知识发现. 中国电机工程学报, 2004, 24(6): 205-210.

[42] 孙秋野, 张化光. 基于粗糙集的配电系统连续信号故障诊断方法. 中国电机工程学报, 2006, 26(11): 156-161.

[43] Khoo L P, Zhai L Y. A rough set approach to the treatment of continuous-valued attributes in multi-concept classification for mechanical diagnosis. AI Edam-artificial Intelligence for Engineering Design Analysis and Manufacturing, 2001, 15(3): 211-221.

[44] Hou T H, Huang C C. Application of fuzzy logic and variable precision rough set approach in a remote monitoring manufacturing process for diagnosis rule induction. Journal of Intelligent Manufacturing, 2004, 15(3): 395-408.

[45] 杨志超, 张成龙, 吴奕, 等. 基于粗糙集和 RBF 神经网络的变压器故障诊断方法研究. 电测与仪表, 2014, 51(21): 34-39.

[46] Su W J, Su Y, Zhao H, et al. Integration of rough set and neural network for application of generator fault diagnosis. Lecture Notes in Artificial Intelligence, 2004, 3066: 549-553.

[47] 郭栋, 熊文真, 徐建新, 等. 基于变精度粗糙集与量子贝叶斯网络的变压器故障诊断研究. 计算机应用与软件, 2017, 34(2): 93-99,105.

[48] Yang B, Song G, Hong B, et al. A fault diagnosis method for combustion engines based on neighborhood rough set and support vector machine. Journal of Kunming University of Science & Technology, 2016, 41(4): 52-58.

[49] Huang C L, Li T S, Peng T K. A hybrid approach of rough set theory and genetic algorithm for fault diagnosis. International Journal of Advanced Manufacturing Technology, 2005, 27(1-2): 119-127.

[50] Rosenblatt F. Principles of neurodynamics: Perceptrons and the theory of brain mechanisms. Washington DC: Spartan Books, 1962: 1-480.

[51] Novikoff A B J. On convergence proofs on perceptrons. Proceedings of the Symposium on the Mathematical Theory of Automata, Polytechnic Institute of Brooklyn, 1962: 615-622.

[52] Widrow B, Hoff M. Generalization and Information Storage in Networks of Adaline Neurons//Self-organizing Systems. Washington DC: Sparta, 1962: 435-461.

[53] Steinbuch K, Piske U A. Learning matrices and their applications. IEEE Transactions on Electronic Computers, 1963, 12(6): 846-862.

[54] Quinlan J R. Discovering Rules from Large Collections of Examples: A Case Study//Michie D. Experts Systems in the Microelectronics Age. Edinburgh: Edinburgh University Press, 1979: 33-46.

[55] Ephraim Y, Merhav N. Hidden Markov processes. IEEE Transactions on Information Theory, 2002, 48(6): 1518-1569.

[56] Le Cun Y. Learning Processes in an Asymmetric Threshold Network//Disordered Systems and Biological Organizations. Heidelberg: Springer-Verlag Berlin, 1986: 233-240.

[57] Vapnik V N, Chervonenkis A J. On the uniform convergence of relative frequencies of events to their probabilities. Soviet Mathematical Doklady, 1968, 9: 915-918.

[58] Vapnik V N, Chervonenkis A J. On the uniform convergence of relative frequencies of events to their probabilities. Theory of Probability and its Applications, 1971, 16: 264-280.

[59] Vapnik V N, Chervonenkis A J. Theory of Pattern Recognition. Moscow: Nauka, 1974: 1-353.

[60] Vapnik V N, Chervonenkis A J. Necessary and sufficient conditions for the uniform convergence of the means to their expectations. Theory of Probability and its Applications, 1981, 26: 532-553.

[61] Tikhonov A N. On solving ill-posed problem and method of regularization. Doklady Akademii Nauk USSR, 1963, 153: 501-504.

[62] Ivanov V V. On linear problems which are not well-posed. Soviet Mathematical Doklady, 1962, 3(4): 981-983.

[63] Rosenblatt M. Remarks on some nonparametric estimates of a density function. Annals of Mathematical Statistics, 1956, 27(6): 832-837.

[64] Parzen E. On estimation of probability density function and model. Annals of Mathematical Statistics, 1962, 33: 1065-1076.

[65] Solomonoff R J. A Preliminary Report on a General Theory of Inductive Inference. Cambridge: Zator Company, 1960: 1-24.

[66] Kolmogorov A N. Three approaches to the quantitative definitions of information. Problems of Information Transmission, 1965, 1(1): 1-7.

[67] Rissanen J. Modeling by shortest data description. Automatica, 1978, 14(5): 465-471.

[68] Valiant L G. A theory of learnability. Communications ACM, 1984, 27(11): 1134-1142.

[69] Vapnik V N. Principles of Risk Minimization for Learning Theory//Moody J E, et al. Advances in Neural Information Processing Systems. San Mateo: Morgan Kaufmann, 1992: 831-838.

[70] Vapnik V N. 统计学习理论的本质. 张学工, 译. 北京: 清华大学出版社, 2000: 63-126.

[71] Liu D, Qian H, Dai G, et al. An iterative SVM approach to feature selection and classification in high-dimensional datasets. Pattern Recognition, 2013, 46(9): 2531-2537.

[72] Lu X J, Zou W, Huang M H. Robust spatiotemporal LS-SVM modeling for nonlinear distributed parameter system with disturbance. IEEE Transactions on Industrial Electronics, 2017, (99): 1.

[73] 王志明, 韩娜, 袁哲明, 等. 基于岭回归和SVM的高维特征选择与肽QSAR建模. 物理化学学报, 2013, 29(3): 498-507.

[74] Bramer M. Avoiding Overfitting of Decision Trees//Principles of Data Mining. London: Springer, 2016: 121-136.

[75] Chen J, Wang X, Zhai J. Pruning decision tree using genetic algorithms. Proceedings of International Conference on Artificial Intelligence and Computational Intelligence, Shanghai, 2010: 244-248.

[76] Quinlan J, Rivest R. Inferring decision trees using the minimum description length principle. Information and Computation, 1989, 80(3): 227-248.

[77] Kim D. Structural risk minimization on decision trees using an evolutionary multiobjective optimization. Lecture Notes in Computer Science, 2004, 3003: 338-348.

[78] Kim D. Minimizing Structural Risk on Decision Tree Classification//Jin Y. Studies in Computational Intelligence. Berlin: Springer, 2006: 241-260.

[79] Schittenkopf C, Deco G, Brauer W. Two strategies to avoid overfitting in feedforward networks. Neural Networks, 1997, 10(3): 505-516.

[80] Rudolph S. On topology, size and generalization of non-linear feed-forward neural networks. Neurocomputing, 1997, 16(1): 1-22.

[81] Giustolisi O, Laucelli D. Improving generalization of artificial neural networks in rainfall-runoff modeling. Hydrological Sciences Journal-Journal Des Sciences Hydrologiques, 2005, 50(3): 439-457.

[82] Mi X C, Zou Y B, Wei W, et al. Testing the generalization of artificial neural networks with cross-validation and independent-validation in modelling rice tillering dynamics. Ecological Modelling, 2005, 181(4): 493-508.

[83] Zadeh L A. Toward a theory of fuzzy information granulation and its centrality in human reasoning and fuzzy logic. Fuzzy Set and System, 1997, 90(2): 111-127.

[84] 张铃, 张钹. 模糊商空间理论(模糊粒度计算方法). 软件学报, 2003, 14(4): 770-776.

[85] Bello R, Falcon R. Rough Sets in Machine Learning: A Review, Thriving Rough Sets. Cham: Springer International Publishing, 2017: 87-118.

[86] Jia X, Shang L, Zhou B, et al. Generalized attribute reduct in rough set theory. Knowledge-Based Systems, 2016, 91(C): 204-218.

[87] Iwinski T B. Algebraic approach to rough sets. Bulletin of the Polish Academy of Sciences: Mathematics, 1987, 35(9-10): 673-683.

[88] Pomykala J, Pomykala J A. The stone algebra of rough sets. Bulletin of the Polish Academy of Sciences: Mathematics, 1988, 36(7-8): 495-508.

[89] Gehrke M, Walker E. On the structure of rough sets. Bulletin of the Polish Academy of Sciences: Mathematics, 1992, 40: 235-245.

[90] Yao Y Y. Constructive and algebraic methods of the theory of rough sets. Journal of Information Sciences, 1998, 109: 21-47.

[91] 张文修, 吴伟志, 梁吉业, 等. 粗糙集理论与方法. 北京: 科学出版社, 2001: 57-97.

[92] Bonikowski Z, Bryniarski E, Wybraniec U. Extensions and intentions in the rough set theory. Information Sciences, 1998, 107(1-4): 149-167.

[93] Wong S K M, Ziarko W, Ye R L. Comparison of rough set and statistical methods in inductive learning. International Journal of Man-machine Studies, 1986, 24: 53-73.

[94] Pawlak Z. Rough sets and fuzzy sets. Fuzzy Sets and Systems, 1985, 17(1): 99-102.

[95] Wygralak M. Rough sets and fuzzy sets—some remarks on interrelations. Fuzzy Sets and Systems, 1989, 29(2): 241-243.

[96] Dubois D, Prade H. Rough fuzzy sets and fuzzy rough sets. International Journal of General Systems, 1990, 17(2): 191-209.

[97] Yao Y Y. A comparative study of fuzzy sets and rough sets. Journal of Information Sciences, 1998, 109(1-4): 227-242.

[98] Yao Y Y, Lingras P J. Interpretations of belief functions in the theory of rough sets. Information Sciences, 1998, 104(1-2): 81-106.

[99] Wu W Z, Leung Y, Zhang W X. Connections between rough set theory and dempster-shafter theory of evidence. International Journal of General Systems, 2002, 31(4): 405-430.

[100] Young T, Lin T Y. Fuzzy Sets, rough set and probability. Proceedings of the Annual Meeting of the North American Fuzzy Information Processing Society, New Orleans, 2002: 302-305.

[101] Catlett J. On changing continuous attributes into ordered discrete attributes. Proceedings of the 5th European Working Session on Learning, Heidelberg: Springer-Verlag Berlin, 1991: 164-178.

[102] Holte R C. Very simple classification rules perform well on most commonly used datasets. Machine Learning, 1993, 11: 63-90.

[103] Dougherty J, Kohavi R, Sahami M. Supervised and unsupervised discretization of continuous features. Proceedings of the 12th International Conference on Machine Learning, Los Altos, 1995: 194-202.

[104] Fayyad U, Irani K. Multi-interval discretization of continuous-valued attributes for classification learning. Proceedings of the 13th International Joint Conference on Artificial Intelligence, San Mateo, 1993: 1022-1027.

[105] Fayyad U, Irani K. Discretizing continuous attributes while learning bayesian networks. Proceedings of the 13th International Conference on Machine Learning, San Fransisco, 1996: 157-165.

[106] Kerber R. Chimerge: Discretization of numeric attributes. Proceedings of the 10th National Conference Articial Intelligence, San Jose, 1992: 123-128.

[107] Liu H, Setiono R. Chi2: Feature selection and discretization of numeric attributes. Proceedings of the 7th IEEE International Conference on Tools with Artificial Intelligence, Herndon, 1995: 388-391.

[108] Liu H, Setiono R. Feature selection and discretization. IEEE Transactios on Knowledge and Data Engineering, 1997, 9: 1-4.

[109] Mantaras R L. A distance based attribute selection measure for decision tree induction. Machine Learning, 1991, 6(1): 81-92.

[110] Cerquides J, Mantaras R L. Proposal and empirical comparison of a parallelizable distance-based discretization method. Proceedings of the 3rd International Conference on Knowledge Discovery and Data Mining, Newport Beach, 1997: 139-142.

[111] Ho K M, Scott P D. Zeta: A global method for discretization of continuous variables. Proceedings of the 3rd International Conference on Knowledge Discovery and Data Mining, Newport Beach, 1997: 191-194.

[112] Nguyen H S, Skowron A. Quantization of real-valued attributes. Proceedings of the 2nd International Joint Conference on Information Sciences, Wrightsville Beach, 1995: 34-37.

[113] Nguyen H S, Nguyen S H. Discretization Methods in Data Mining//Polkowski L, Skowron A. Rough Sets in Knowledge Discovery: Methodology and Applications. Heidelberg: Physica-Verlag, 1998: 451-482.

[114] Nguyen H S. Discretization problem for rough sets methods. Lecture Notes in Computer Science, 1998, 1424: 545-552.

[115] 苗夺谦. Rough Set 理论中连续属性的离散化方法. 自动化学报, 2001, 27(3): 296-302.

[116] Liu H, Hussain F, Tan C, et al. Discretization: An enabling technique. Journal of Data Mining and Knowledge Discovery, 2002, 6: 393-423.

[117] Skowron A, Rauszer C. The Discernibility Matrices And Functions In Information System//Slowinski R. Intelligent Decision Support: Handbook of Applications and Advances of the Rough Sets Theory. Dordrecht: Kluwer Academic Publishers, 1992: 331-362.

[118] Guan J W, Bell D A. Matrix computation for information system. Information Sciences, 2001, 131: 129-256.

[119] Xu Z Y, Zhang C Q, Zhang S C, et al. Efficient attribute reduction based on discernibility matrix. Lecture Notes in Artificial Intelligence, 2006, 4481: 13-21.

[120] Wong S K M, Ziarko W. On optimal decision rules in decision tables. Bulletin of Polish Academy of Sciences, 1985, 33: 693-696.

[121] Ziarko W. The Discovery, Analysis and Representation of Data Dependencies in Databases//Knowledge Discovery in Databases. Cambrige: AAAI MIT Press, 1993: 213-228.

[122] Miao D Q, Hou L S. A heuristic algorithm for reduction of knowledge based on discernibility matrix. Proceedings of the International Conference on Intelligence Information Technology, Beijing, 2002: 276-279.

[123] Hu X H, Cercone N. Learning in relational databases: A rough set approach. Computational Intelligence, 1995, 11(2): 323-338.

[124] Jelonek J, Krawiec K, Slowinski R. Rough set reduction of attributes and their domains for neural networks. Computational Intelligence, 1995, 11(2): 339-347.

[125] Michal G, Jacek S. RSL - The rough set library version 2.0. Warsaw: Warsaw University of Technology, 1994: 1-19.

[126] 徐章艳, 刘作鹏, 杨炳儒, 等. 一个复杂度为 $\max(O(|C||U|), O(|C|^2|U/C|))$ 的快速属性约简算法. 计算机学报, 2006, 29(3): 391-399.

[127] Duntsch I, Gediga G. Uncertainty measures of rough set prediction. Artificial Intelligence, 1998, 106(1): 109-137.

[128] Miao D Q, Wang J. An information-based algorithm for reduction of Knowledge. Proceedings of the IEEE International Conference on Intelligent Processing Systems, Beijing, 1997: 1155-1158.

[129] 王国胤, 于洪, 杨大春. 基于条件信息熵的决策表约简. 计算机学报, 2002, 25(7): 759-766.

[130] Wang G Y. Rough Reduction, in algebra view and information view. International Journal of Intelligent Systems, 2003, 18(6): 679-688.

[131] Wang G Y, Zhao J, An J J, et al. A comparative study of algebra viewpoint and information viewpoint in attribute reduction. Fundamenta Informaticae, 2005, 68(3): 289-301.

[132] Wang X Y, Yang J, Peng N S, et al. Finding minimal rough set reducts with particle swarm optimization. Lecture Notes in Computer Science, 2005, 3641: 451-460.

[133] Wroblewski J. Finding minimal reducts using genetic algorithms. Proceedings of the 2nd Joint Annual Conference on Information Sciences, Wrightsville Beach, 1995: 186-189.

[134] Min F, Du X H, Qiu H, et al. Minimal attribute space bias for attribute reduction. Lecture Notes in Computer Science, 2007, 4481: 379-386.

[135] 叶东毅. Jelonek 属性约简算法的一个改进. 电子学报, 2000, 28(12): 81-82.

[136] Beaubouef T, Petry F, Arora G. Information-theoretic measures of uncertainty for rough sets and rough relational databases. Information Sciences, 1998, 109: 185-195.

[137] Huang B, He X, Zhou X Z. Rough entropy based on generalized rough sets covering reduction. Journal of Software, 2004, 15(2): 215-220.

[138] Liang J, Shi Z, Li D, et al. Information entropy, rough entropy and knowledge granulation in incomplete information systems. International Journal of General Systems, 2006, 35(6): 641-654.

[139] Xu W H, Yang H Z, Zhang W X. Uncertainty measures of roughness of knowledge and rough sets in ordered information systems. Lecture Notes in Computer Science, 2007, 4682: 759-769.

[140] 刘少辉, 盛秋戬, 吴斌, 等. Rough 集的高效学习算法. 计算机学报, 2003, 26(5): 1-6.

[141] Slezak D. Approximate reducts in decision tables. Proceedings of the 6th International Conference on Information Processing and Management of Uncertainty in Knowledge-based System, Granada, 1996: 1159-1164.

[142] Slezak D. Approximate entropy reducts. Fundamenta Informaticae, 2002, 53(3-4): 365-390.

[143] Bazan J, Skowron A, Synak P. Dynamic reducts as a tool for extracting laws from decision tables. Proceedings of Symposium on Methodologies for Intelligent Systems, Berlin, 1994: 346-355.

[144] Bazan J. A Comparision of Dynamic and Non-Dynamic Rough Set Methods for Extracting Laws from Decison Tables//Polkowski L, Skowron A. Rough Sets in Knowledge Discovery. Heidelberg: Phisica-Verlag, 1998: 321-365.

[145] Kryszkiewicz M. Comparative study of alternative type of knowledge reduction in inconsistent systems. International Journal of Intelligent Systems, 2001, 16: 105-120.

[146] Liang J Y, Xu Z B. The algorithm on knowledge reduction in incomplete information systems. International Journal of Uncertainty, Fuzziness and Knowledge-Based Systems, 2002, 10: 95-103.

[147] 张文修, 米据生, 吴伟志. 不协调目标信息系统的知识约简. 计算机学报, 2003, 21(6): 12-18.

[148] Chen D G, Wang C Z, Hu Q H. A new approach to attribute reduction of consistent and inconsistent covering decision systems with covering rough sets. Information Sciences, 2007, 177(17): 3500-3518.

[149] Michalski R S. A Theory And Methodology Of Inductive Learning//Michalski R S, Carbonell J G, Mitchell T M. Machine Learning: An Artificial Intelligence Approach. San Mateo: Morgan Kaufman, 1983: 83-134.

[150] Cendrowska J. PRISM: An algorithm for inducing modular rules. International Journal of Man-Machine Studies, 1987, 27: 349-370.

[151] Clark P, Niblett T. The CN2 induction algorithm. Machine Learning, 1989, 3: 261-283.

[152] Grzymala-Busse J W. LERS- a System for Learning from Examples Based on Rough Sets//Slowinski R. Intelligent Decision Support: Handbook of Applications and Advances of the Rough Sets Theory. Dordrecht: Kluwer Academic Publishers, 1992: 3-18.

[153] Grzymala-Busse J W, Stefanowski J, Ziarko W. Rough sets: Facts versus misconceptions. Informatica, 1996, 20: 455-464.

[154] Chan C C, Grzymala_Busse J W. On the two local inductive algorithms: PRISM and LEM2. Foundations of Computing and Decision Sciences, 1994, 19(4): 185-204.

[155] Skowron A. Boolean reasoning for decision rules generation. Lecture Notes in Artificial Intelligence, 1993, 689: 295-305.

[156] Øhrn A, Komorowski J, Skowron A, et al. The ROSETTA software system. Bulletin of the International Rough Set Society, 1998, 2(1): 28-30.

[157] Stefanowski J, Vanderpooten D. A General Two Stage Approach to Rule Induction From Examples//Ziarko W. Rough Sets, Fuzzy Sets and Knowledge Discovery. Heidelberg: Springer-Verlag Berlin, 1994: 317-325.

[158] Slowinski R, Stefanowski J. Roughdas and Roughclass Software Implementations of the Rough Set Approach// Slowinski R. Intelligent Decision Support: Handbook of Applications and Advances of Rough Set Theory. Dordrecht: Kluwer Academic Publishers, 1992: 445-456.

[159] Mienko R, Slowinski R, Stefanowski J, et al. RoughFamily: Software Implementation of Rough Set Based Data Analysis and Rule Discovery Techniques. Proceedings of the 4th International Workshop on Rough Sets, Tokyo, 1996: 437-440.

[160] Ziarko W, Shan N. KDD-R: A Comprehensive System for Knowledge Discovery in Databases Using Rough Sets. Proceedings of the International Workshop on Rough Sets and Soft Computing, San Jose, 1994: 163-190.

[161] Stefanowski J. On Rough Set Based Approaches to Induction of Decision Rules//Polkowski L, Skowron A. Rough Sets in Knowledge Discovery. Heidelberg: Physica-Verlag, 1998: 501-529.

[162] Quinlan J R. C4.5: Programs for Machine Learning. San Mateo: Morgan Kaufmann, 1993: 1-302.

[163] Grzymala-Busse J W. Managing uncertainty in machine learning from examples. Proceedings of the 3rd International Symposium on Intelligent Systems, Wigry, 1994: 70-84.

[164] Stefanowski J. Classification support based on the rough sets. Foundations of Computing and Decision Sciences. 1993, 18(3-4): 371-380.

[165] Slowinski R. Rough set learning of preferential attitude in multi-criteria decision making. Lecture Notes in Artificial Intelligence, 1993, 689: 642-651.

[166] Slowinski R, Stefanowski J. Rough Classification with Valued Closeness Relation//Diday E. New Approaches in Classification and Data Analysis: Studies in Classification, Data Analysis and Knowledge Organisation. Heidelberg: Springer-Verlag Berlin, 1994: 482-489.

[167] 张凯, 杨靖. 粗糙集理论及其应用综述. 物联网技术, 2017, 7(6): 93-94.

[168] Ziarko W. Variable precision rough set model. Journal of Computer and System Sciences, 1993, 46: 39-59.

[169] Beynon M. Reducts within the variable precision rough sets model: A further investigation. European Journal of Operational Research, 2001, 134: 592-605.

[170] Mi J S, Wu W Z, Zhang W X. Approaches to knowledge reduction based on variable precision rough set model. Information Sciences, 2004, 159: 255-272.

[171] Inuiguchi M. Attribute reduction in variable precision rough set model. International Journal of Uncertainty Fuzziness and Knowledge-based Systems, 2006, 14(4): 461-479.

[172] Pawlak Z, Wong S K M, Ziarko W. Rough sets: Probabilistic versus deterministic approach. International Journal of Man-Machine Studies, 1988, 29: 81-95.

[173] Yao Y Y, Wong S K M. A decision theoretic framework for approximating concepts. International Journal of Man-machine Studies, 1992, 37: 793-809.

[174] Wong S K M, Ziarko W. Comparison of the probabilistic approximate classification and the fuzzy set model. Fuzzy Sets and Systems, 1987, 21: 357-362.

[175] Zadeh L A. Fuzzy sets. Information and Control, 1965, 8: 338-353.

[176] Dubois D, Prade H. Putting Rough Sets and Fuzzy Sets Together//Slowinski R. Intelligent Decision Support: Handbook of Applications and Advances of the Rough Sets Theory. Dordrecht: Kluwer Academic Publishers, 1992: 203-233.

[177] Slowinski R, Stefanowski J. Rough set reasoning about uncertain data. Fundamenta Informaticae, 1996, 27: 229-243.

[178] Greco S, Matarazzo B, Slowinski R. Rough approximation of a preference relation by dominance relations. European Journal of Operational Research, 1999, 117(1): 63-83.

[179] Greco S, Matarazzo B, Slowinski R. Rough sets methodology for sorting problems in presence of multiple attributes and criteria. European Journal of operational research, 2002, 138: 247-259.

[180] Slowinski R, Vanderpooten D. Similarity Relations as a Basis for Rough Approximations//Wang P P. Advances in Machine Intelligence and Soft Computing. Raleigh: Bookwrights, 1997: 17-33.

[181] Slowinski R, Vanderpooten D. A generalized definition of rough approximations based on similarity. IEEE Transactions on Data and Knowledge Engineering, 2000, 12(2): 331-336.

[182] Greco S, Matarazzo B, Slowinski R. Rough Set Processing of Vague Information Using Fuzzy Similarity Relations//Calude C S, Paun G. Finite Versus Infinite—Contributions to an Eternal Dilemma. London: Springer, 2000: 149-173.

[183] Yao Y Y, Lin T Y. Generalization of rough sets using modal logic. Intelligent Automation and Soft Computing, 1996, 2: 103-120.

[184] Yao Y Y. Relational interpretations of neighborhood operators and rough set approximation. Information Sciences, 1998, 111: 239-259.

[185] Lin T Y. Neighborhood Systems: A Qualitative Theory for Fuzzy and Rough Sets. Proceedings of the 2nd Joint Conference on Information Science, Wrightsville Beach, 1995: 255-258.

[186] Michael B, Lin T Y. Neighborhoods, Rough sets, and Query Relaxation//Lin T Y, Cercone N. Rough Sets and Data Mining: Analysis of Imprecise Data. Dordrecht: Kluwer Academic Publishers, 1997: 229-238.

[187] 刘清. 邻域值信息表上的邻域逻辑及其数据推理. 计算机学报, 2001, 24(4): 1-6.

[188] Lin T Y, Yao Y Y. Graded rough sets approximations based on nested neighborhood systems. Proceedings of the 5th European Congress on Intelligent Techniques and Soft Computing, 1997: 196-200.

[189] Greco S, Matarazzo B, Slowinski R. Handling missing values in rough set analysis of multi-attribute and multi-criteria decision problems. Lecture Notes in Artificial Intelligence, 1999, 1711: 146-157.

[190] Greco B, Matarazzo B, Slowinski R, et al. Rough set analysis of information tables with missing values. Proceedings of the 5th International Conference of the Decision Sciences Institute, Athens, 1999: 1359-1362.

[191] Greco S, Matarazzo B, Slowinski R. Rough sets theory for multicriteria decision analysis. European Journal of Operational Research, 2001, 129: 1-47.

[192] 张文修, 吴志伟. 基于随机集的粗糙集模型. 西安交通大学学报, 2000, 34(12): 15-191.

[193] Ma T H, Tang M L. Weighted Rough Set Model. Proceedings of the 6th International Conference on Intelligent Systems Design and Applications, Jinan, 2006: 481-485.

[194] Stefanowski J, Wilk S. Rough sets for handling imbalanced data: Combining filtering and rule-based classifiers. Fundamenta Informaticae, 2006, 72(1): 379-391.

[195] Hawkins D M. The problem of overfitting. Journal of Chemical Information and Computer Sciences, 2004, 44(1): 1-12.

[196] Dietterich T. Overfitting and undercomputing in machine learning. ACM Computing Surveys, 1995, 27(3): 326-327.

[197] Liu J F, Hu Q H, Yu D R. Weighted rough set learning: Towards a subjective approach. Lecture Notes in Computer Science, 2007, 4426: 696-703.

[198] Liu J F, Yu D R. A weighted rough set approach for cost-sensitive learning. Lecture Notes in Artificial Intelligence, 2007, 4482: 355-362.

[199] Chen X, Fu M, Wang X Q. Study on knowledge expression and efficient attribute reduction algorithm based on information granule. Proceedings of the 3rd IEEE International Conference on Intelligent Systems, London, 2006: 825-829.

[200] Vapnik V N. An overview of statistical learning theory. IEEE Transactions on Neural Networks, 1999, 10(5): 988-1000.

[201] Chercassky V, Shao X, Mulier F M, et al. Model complexity control for regression using vc generalization bounds. IEEE Transactions on Neural Networks, 1999, 10(5): 1075-1090.

[202] Rissanen J. Stochastic complexity and modeling. Annals of Statistics, 1986, 14: 1080-1100.

[203] Tone M. Cross-validatory choice and assessment of statistical predictions. Journal of the Royal Statistical Society B, 1974, 36: 111-147.

[204] Tone M. Asymptotics for and against cross-validation. Biometrika, 1977, 64: 29-35.

[205] 杨华. 基于最小描述长度的最优推理模型研究及应用分析. 哈尔滨: 哈尔滨工业大学, 2016.

[206] Vieira D A G, Vasconcelos J A, Saldanha R R. Recent Advances in Neural Networks Structural Risk Minimization Based on Multiobjective Complexity Control Algorithms, Machine Learning. Rijeka: InTech, 2010: 91-107.

[207] Nong J. The design of RBF neural networks and experimentation for solving overfitting problem. Proceedings of International Conference on Electronics and Optoelectronics, Dalian, 2011: V1-75-V1-78.

[208] Vapnik V N, Chapelle O. Bounds on error expectation for support vector machines. Neural Computation, 2000, 12(9): 2013-2036.

[209] Cortes C, Vapnik V N. Support-vector networks. Machine Learning, 1995, 20(3): 273-297.

[210] Moya M, Koch M, Hostetler L. One-class classifier networks for target recognition applications. Proceedings of the World Congress on Neural Networks, Portland, 1993: 797-801.

[211] Ritter G M. Gallegos. Outliers in statistical pattern recognition and an application to automatic chromosome classification. Pattern Recognition Letters, 1997, 18(6): 525-539.

[212] Utkin L V, Zhuk Y A. An one-class classification support vector machine model by interval-valued training data. Knowledge-Based Systems, 2017, 120: 43-56.

[213] Schölkopf B, Williamson R C, Smola A J, et al. SV Estimation of a Distribution's Support//Solla S A, Leen T K, Muller K R. Advances in Neural Information Processing Systems. San Fransisco: Morgan Kaufmann, 2000: 582-588.

[214] Schölkopf B, Platt J C, Shawe-Taylor J, et al. Estimating the support of a high-dimensional distribution. Neural Computation, 2001: 13(7): 1443-1472.

[215] Tax D, Duin R. Support vector data description. Machine Learning, 2004, 54(1): 45-66.

[216] Tax D, Juszczak P. Kernel whitening for one-class classification. International Journal of Pattern Recognition and Artificial Intelligence, 2003, 17(3): 333-347.

[217] Yu H. SVMC: Single-class classification with support vector machines. Proceedings of the 18th International Joint Conference on Artificial Intelligence, Acapulco, 2003: 567-572.

[218] Bottou L, Cortes C, Denker J, et al. Comparison of Classifier Methods: A Case Study in Handwriting Digit Recognition. Proceedings of the 12th International Conference on Pattern Recognition. Los Alamitos: IEEE Computer Society Press, 1994: 77-87.

[219] Galar M, Fernández A, Barrenechea E, et al. An overview of ensemble methods for binary classifiers in multi-class problems: Experimental study on one-vs-one and one-vs-all schemes. Pattern Recognition, 2011, 44(8): 1761-1776.

[220] Kreßel U. Pairwise Classification and Support Vector Machines//Scholkopf B, Burges C J C, Smola A J. Advances in Kernel Methods: Support Vector Learning. Cambridge: MIT Press, 1999: 255-268.

[221] Platt J C, Cristianini N, Shawe-Taylor J. Large Margin DAG's for Multiclass Classification//Advances in Neural Information Processing Systems. Cambridge: MIT Press, 2000: 547-553.

[222] Dietterich T, Bakiri G. Solving multiclass learning problems via error-correcting output codes. Journal of Artificial Intelligence Research, 1995, 3(2): 263-286.

[223] Takahashi F, Abe S. Decision-tree-based multiclass support vector machines. Proceedings of the 9th International Conference on Neural Information Processing, Singapore, 2002: 1418-1422.

[224] Guo H X, Li Y J, Shang J, Gu M Y, et al. Learning from class-imbalanced data: Review of methods and applications. Expert Systems with Applications, 2017, 73: 220-239.

[225] 李元菊. 数据不平衡分类研究综述. 现代计算机, 2016(4): 30-33.

[226] Batista G E A P A, Prati R C, Monard M C. A study of the behavior of several methods for balancing machine learning training data. SIGKDD Explorations, 2004, 6(1): 20-29.

[227] Barandela R, Sánchez J S, García V, et al. Strategies for learning in class imbalance problems. Pattern Recognition, 2003, 36: 849-851.

[228] Chawla N V, Hall L O, Bowyer K W, et al. SMOTE: Synthetic minority oversampling technique. Journal of Artificial Intelligence Research, 2002, 16: 321-357.

[229] Phua C, Alahakoon D. Minority report in fraud detection: Classification of skewed data. SIGKDD Explorations, 2004, 6(1): 50-59.

[230] Chawla N V, Lazarevic A, Hall L O, et al. Smoteboost: Improving prediction of the minority class in boosting. Proceedings of the 7th European Conference on Principles and Practice of Knowledge Discovery in Databases, Dubrovnik, 2003: 107-119.

[231] Joshi M, Kumar V, Agarwal R. Evaluating boosting algorithms to classify rare classes: Comparison and improvements. Proceedings of the First IEEE International Conference on Data Mining, San Jose, 2001: 257-264.

[232] Chan P K, Stolfo S J. Toward scalable learning with non-uniform class and cost distributions: A case study in credit card fraud detection. Proceedings of the 4th International Conference on Knowledge Discovery and Data Mining, NewYork, 1998: 164-168.

[233] Guo H, Viktor H L. Learning from imbalanced data sets with boosting and data generation: The Databoost-IM Approach. SIGKDD Explorations, 2004, 6(1): 30-39.

[234] Japkowicz N. Learning from Imbalanced Data Sets: A Comparison of Various Strategies. Proceedings of the AAAI'00 Workshop on Learning from Imbalanced Data Sets, Menlo Park, 2000: 10-15.

[235] 王超学, 潘正茂, 马春森, 等. 改进型加权 KNN 算法的不平衡数据集分类. 计算机工程, 2012, 38(20): 160-163,168.

[236] Fan R E, Chen P H, Lin C J. Working set selection using the second order information for training SVM. Journal of Machine Learning Research, 2005, 6: 1889-1918.

[237] Wang X, Liu X, Matwin S. A distributed instance-weighted SVM algorithm on large-scale imbalanced datasets. Precedings of IEEE International Conference on Big Data, Washington DC, 2014: 45-51.

[238] Zhou Z H, Liu X Y. Training cost-sensitive neural networks with methods addressing the class imbalance problem. IEEE Transaction on Knowledge and Data Engineering, 2006, 18(1): 63-77.

[239] Osuna E, Freund R, Girosi F. Support vector machines: Training and applications. Technical Report: AIM-1602, Artificial Intelligence Laboratory, Massachusetts Institute of Technology, 1997: 1-33.

[240] Tao Q, Wu G W, Wang F Y, et al. Posterior probability support vector machines for unbalanced data. IEEE Transactions on Neural Networks, 2005, 16(6): 1561-1573.

[241] Ting K M. An instance-weighting method to induce cost-sensitive trees. IEEE Transaction on Knowledge and Data Engineering, 2002, 14: 659-665.

[242] Zadrozny B, Langford J, Abe N. Cost-sensitive learning by cost-proportionate example weighting. Proceedings of the 3rd IEEE International Conference on Data Mining, Melbourne, 2003: 435-442.

[243] Cohen G, Hilario M, Pellegrini C. One-class support vector machines with a conformal kernel: A case study in handling class imbalance. Lecture Notes in Computer Science, 2004, 3138: 850-858.

[244] Zhuang L, Dai H H. Parameter optimization of kernel-based one-class classifier on imbalance text learning. Lecture Notes in Artificial Intelligence, 2006, 4099: 434-443.

[245] Zhuang L, Dai H H. Parameter estimation of one-class SVM on imbalance text classification. Lecture Notes in Artificial Intelligence, 2006, 4013: 538-549.

[246] Slezak D, Ziarko W. The investigation of the Bayesian rough set model. International Journal of Approximate Reasoning, 2005, 40: 81-91.

[247] Hu Q H, Yu D R, Xie Z X, et al. Fuzzy probabilistic approximation spaces and their information measures. IEEE Transactions on Fuzzy Systems, 2006, 14(2): 191-201.

[248] Abe N, Zadrozny B, Langford J. An iterative method for multi-class cost-sensitive learning. Proceedings of the 10th ACM SIGKDD International Conference on Knowledge Discovery and Data Mining, Seattle, Washington DC, 2004: 3-11.

[249] Bradford J, Kunz C, Kohavi R, et al. Pruning decision trees with misclassification costs. Lecture Notes in Computer Science, 1998, 1398: 131-136.

[250] Zhou Z H, Liu X Y. On multi-class cost-sensitive learning. Computational Intelligence, 2010, 26(3): 232-257.

[251] 谷琼, 袁磊, 宁彬, 等. 一种基于重取样的代价敏感学习算法. 计算机工程与科学, 2011, 33(9): 130-135.

[252] Weiss G M. Mining with rarity—problems and solutions: A unifying framework. SIGKDD Explorations, 2004: 6(1): 7-19.

[253] Margineantu D. Class probability estimation and cost-sensitive classification decisions. Lecture Notes in Computer Science, 2002, 2430: 270-281.

[254] Domingos P. MetaCost: A general method for making classifiers cost-sensitive. Proceedings of the 5th ACM SIGKDD International Conference on Knowledge Discovery and Data Mining, San Diego, 1999: 155-164.

[255] Zadrozny B, Elkan C. Learning and making decisions when costs and probabilities are both unknown. Proceedings of the 7th International Conference on Knowledge Discovery and Data Mining, San Francisco, 2001: 204-213.

[256] Zitzler E, Thiele L. Multiobjective evolutionary algorithms: A comparative case study and the strength pareto approach. IEEE Transactions on Evolutionary Computation, 1999, 3(4): 257-271.

[257] Xie T, Chen H W. Evolutionary algorithms for multiobjective optimization and decision-making problems. Engineering Science, 2002, 4(2): 59-67.

[258] Foncea C M, Fleming P J. Genetic algorithms for multiobjective optimization: Formulation, discussion and generalization. Proceedings of the 5th International Conference on Genetic Algorithms, San Mateo, 1993: 416-423.

[259] Anusha K, Sathiyamoorthy E. A decision tree-based rule formation with combined PSO-GA algorithm for intrusion detection system. International Journal of Internet Technology & Secured Transactions, 2016, 6(3): 186.

[260] Das A K, Das S, Ghosh A. Ensemble feature selection using bi-objective genetic algorithm. Knowledge-Based Systems, 2017, 123: 116-127.

[261] Bulnes F G, Usamentiaga R, Garcia D F, et al. A parallel genetic algorithm for optimizing an industrial inspection system. IEEE Latin America Transactions, 2013, 11(6): 1338-1343.

[262] Xu F, Zhang Y J. Integrated patch model: A generative model for image categorization based on feature selection. Pattern Recognition Letters, 2007, 28(12): 1581-1591.

[263] Li Y, Wu Z F. Fuzzy feature selection based on min-max learning rule and extension matrix. Pattern Recognition, 2008, 41(1): 217-226.

[264] 刘志刚, 李德仁, 秦前清, 等. 支持向量机在多类分类问题中的推广. 计算机工程与应用, 2004, 40(7): 10-13.

[265] Drummond C, Holte R C. C4.5, class imbalance, and cost sensitivity: Why under-sampling beats over-sampling. Proceedings of the ICML'03 Workshop on Learning from Imbalanced Data Sets (II), Washington DC, 2003.

[266] Guiasu S. Information Theory with Applications. New York: McGraw-Hill, 1977: 1-439.

[267] Bradley A P. The use of the area under the ROC curve in the evaluation of machine learning algorithms. Pattern Recognition, 1997, 30(6): 1145-1159.

[268] Hand D J, Till R J. A simple generalization of the area under the ROC curve to multiple class classification problems. Machine Learning, 2001, 45(2): 171-186.

[269] Liu X Y, Zhou Z H. The influence of class imbalance on cost-sensitive learning: An empirical study. Proceedings of the 6th IEEE International Conference on Data Mining, Hong Kong, 2006: 970-974.